U0232774

中国科普大奖图书典藏书系

变幻多彩的地球

陶世龙◎著

长江出版传媒 | 湖北科学技术出版社

图书在版编目（CIP）数据

变幻多彩的地球/ 陶世龙著. —武汉：湖北科学
技术出版社，2014.7（2017.10 重印）
（中国科普大奖图书典藏书系/叶永烈　刘嘉麒主编）
ISBN 978 -7 -5352 -5688 -1

Ⅰ. ①变…　Ⅱ. ①陶…　Ⅲ. ①地球 -普及读物
Ⅳ. ①P183 -49

中国版本图书馆 CIP 数据核字（2013）第 076215 号

责任编辑：刘　虹　　　　　　　　　　　封面设计：戴　旻

出版发行：湖北科学技术出版社　　　　　电话：027 -87679468
地　　　址：武汉市雄楚大街 268 号　　　邮编：430070
　　　　　　（湖北出版文化城 B 座 13—14 层）
网　　　址：http://www.hbstp.com.cn

印　　刷：仙桃市新华印务有限公司　　　　　　　邮编：433000

700 ×1000　　1/16　　　　　17 印张　　2 插页　　　　384 千字
2014 年 7 月第 1 版　　　　　　　　　2017 年 10 月第 5 次印刷
　　　　　　　　　　　　　　　　　　　　　　定价：30.00 元

总　序
ZONGXU

　　我热烈祝贺"中国科普大奖图书典藏书系"的出版！"空谈误国，实干兴邦。"习近平同志在参观《复兴之路》展览时讲得多么深刻！本书系的出版，正是科普工作实干的具体体现。

　　科普工作是一项功在当代、利在千秋的重要事业。1953年，毛泽东同志视察中国科学院紫金山天文台时说："我们要多向群众介绍科学知识。"1988年，邓小平同志提出"科学技术是第一生产力"，而科学技术研究和科学技术普及是科学技术发展的双翼。1995年，江泽民同志提出在全国实施科教兴国的战略，而科普工作是科教兴国战略的一个重要组成部分。2003年，胡锦涛同志提出的科学发展观则既是科普工作的指导方针，又是科普工作的重要宣传内容；不是科学的发展，实质上就谈不上真正的可持续发展。

　　科普创作肩负着传播知识、激发兴趣、启迪智慧的重要责任。"科学求真，人文求善"，同时求美，优秀的科普作品不仅能带给人们真、善、美的阅读体验，还能引人深思，激发人们的求知欲、好奇心与创造力，从而提高个人乃至全民的科学文化素质。国民素质是第一国力。教育的宗旨，科普的目的，就是为了提高国民素质。只有全民的综合素质提高了，中国才有可能屹立于世界民族之林，才有可能实现习近平同志最近提出的中华民族的伟大复兴这个中国梦！

　　新中国成立以来，我国的科普事业经历了1949—1965年的创立与发展阶段；1966—1976年的中断与恢复阶段；1977—

1990 年的恢复与发展阶段;1990—1999 年的繁荣与进步阶段;2000 年至今的创新发展阶段。60 多年过去了,我国的科技水平已达到"可上九天揽月,可下五洋捉鳖"的地步,而伴随着我国社会主义事业日新月异的发展,我国的科普工作也早已是一派蒸蒸日上、欣欣向荣的景象,结出了累累硕果。同时,展望明天,科普工作如同科技工作,任务更加伟大、艰巨,前景更加辉煌、喜人。

"中国科普大奖图书典藏书系"正是在这 60 多年间,我国高水平原创科普作品的一次集中展示,书系中一部部不同时期、不同作者、不同题材、不同风格的优秀科普作品生动地反映出新中国成立以来中国科普创作走过的光辉历程。为了保证书系的高品位和高质量,编委会制定了严格的选编标准和原则:一、获得图书大奖的科普作品、科学文艺作品(包括科幻小说、科学小品、科学童话、科学诗歌、科学传记等);二、曾经产生很大影响、入选中小学教材的科普作家的作品;三、弘扬科学精神、普及科学知识、传播科学方法,时代精神与人文精神俱佳的优秀科普作品;四、每个作家只选编一部代表作。

在长长的书名和作者名单中,我看到了许多耳熟能详的名字,备感亲切。作者中有许多我国科技界、文化界、教育界的老前辈,其中有些已经过世;也有许多一直为科普事业辛勤耕耘的我的同事或同行;更有许多近年来在科普作品创作中取得突出成绩的后起之秀。在此,向他们致以崇高的敬意!

科普事业需要传承,需要发展,更需要开拓、创新!当今世界的科学技术在飞速发展、日新月异,人们的生活习惯和工作节奏也随着科学技术的进步在迅速变化。新的形势要求科普创作跟上时代的脚步,不断更新、创新。这就需要有更多的有志之士加入到科普创作的队伍中来,只有新的科普创作者不断涌现,新的优秀科普作品层出不穷,我国的科普事业才能继往开来,不断焕发出新的生命力,不断为推动科技发展、为提高国民素质做出更好、更多、更新的贡献。

"中国科普大奖图书典藏书系"承载着新中国成立60多年来科普创作的历史——历史是辉煌的,今天是美好的! 未来是更加辉煌、更加美好的。我深信,我国社会各界有志之士一定会共同努力,把我国的科普事业推向新的高度,为全面建成小康社会和实现中华民族的伟大复兴做出我们应有的贡献! "会当凌绝顶,一览众山小"!

中国科学院院士
华中科技大学教授　杨叔子　二○一二
九.廿八

下　编

SHANGBIAN

上编

时间的脚印

时间伯伯，
你是最伟大的旅行家，
你从不犹豫你的脚步，
你走过历史的每一个时代。

——高士其《时间伯伯》

时间一年一年地过去。

时间是没有脚的，而人们却想出了许多法子记录下它的踪迹，用钟表、用日历……但是，在地球上还没有出现人的时候，或者在人还不知道记录时间的时候，到哪里去找寻时间的踪迹呢？

然而，时间仍然被记下来了。在大自然中保存着许多种时间的记录，那躺在山野里的岩石，就是其中重要的一种。每一厘米厚的岩层便代表着几十年到上百年的时间。

在北京故宫，我们还可以看到一种古老的计时装置：铜壶滴漏——水从一个铜壶缓缓地滴进另一个铜壶，时间过去了，这个壶里的水空了，那个壶里的水却又多了起来。时间是看不见的，但是我们用水滴记下了逝去的时间。

岩石是怎样记下时间的呢？

大自然中的各种物质时时刻刻都在运动着：这里在死亡，那里在生长；

这里在建设，那里在破坏。就在我们读这篇文章的时候，地球上某些地方的岩石在被破坏，同时它们又被陆续搬运到低洼的地方堆积起来，开始了重新生成岩石的过程。

真的有"海枯石烂"的时候。

到过山里的人都看见过，在那悬崖绝壁下面，往往堆积着一大摊碎石块。碎石是从哪里来的呢？还不是从那些山崖上崩落下来的！再仔细瞧瞧，还会发现有些还没有崩落的山崖也已经有了裂缝。

不要认为岩石是坚固不坏的。它无时无刻不经受着来自各方面的"攻击"：炎热的阳光烘烤着它，严寒的霜雪冷冻着它，风吹着它，雨打着它……

空气和水中的酸类，腐蚀了岩石中的一部分物质。水流冲刷着它，风儿吹拂着它。特别是刮风沙的时候，就像砂轮在有力地转动，岩石被磨损得光溜溜的，造成了许多奇形怪状的石头。

水和空气还能够进入岩石内部的孔隙中造成破坏。

雨水落到河湖里，渗入到地下，都对岩石有破坏作用。即使在海洋中，海水也在不断地冲击着岸上的石壁。如果大量的水结成了冰，形成冰河，它缓慢地移动着，破坏作用就更大了，就好像一把铁扫帚从地上扫过，刨刮着所遇到的一些石头。

地面上和地下的生物，也没有放弃对岩石的破坏。

当然我们也不能忘掉人的作用。例如，在建筑兰新铁路的时候，一个山头在几分钟内就被炸掉了，这相对地质作用的速度可要快多了。

大块的石头破碎成小块的石子，小块的石子再分裂成细微的沙砾、泥土。狂风吹来了，洪水冲来了，冰河爬来了，碎石、沙砾、泥土被它们带着，开始了旅行。

越是笨重的石块越跑不远，越是轻小的沙砾越能旅行到遥远的地方。它们被风吹向高空，被水带入大海。蒙古高原发生了风暴之后，北京的居民便忙着掸去身上的尘土。黄河中下游河水变得浑浊，谁都知道这是西北黄土高原被破坏的结果。在山麓、沟壑、河谷、湖泊、海洋等比较低洼的地方,有许多泥沙不断地被留下来,它们填充着湖泊,垫高了河床。我国洞庭湖的面积逐渐缩小、黄河下游的水面比地面还高,就是有许多泥沙沉淀下来的结果。

一年过去了,两年过去了……泥沙越积越厚。堆得厚了,对下层泥沙的压力也逐渐加重,泥沙中的水分被压出了许多,颗粒与颗粒之间压得很紧,甚至可以有分子间的引力。在受到重压的时候,有一些物质填充到泥沙中的孔隙里去,就使泥沙胶结得更紧密了。

经过长期的重压和胶结,那些碎石和泥沙重新形成了岩石。

根据计算,大约 3 000～10 000 年的时间,可以形成 1 米厚的岩石。岩石在最初生成的时候,像书页一样平卧着,一层层地叠在一起,最早形成的"躺"在最下面。因为水面是平的,如果湖底也是水平的话,那么从水中分离出来的沉淀物就也是水平地分布着的。

当然,如果海洋或湖泊的底是倾斜的话,那么沉淀物堆积的面也就随着倾斜。在湖边、海边形成的岩石就常常是这样的。

岩石生成以后不断地改变着自己的样子。由于地壳的运动,原来平卧的岩层变得歪斜甚至直立了,但是层与层之间的顺序还不致打乱,根据这些,我们仍然可以知道过去的年月。

岩石保存了远比上面所说的多得多的历史痕迹。

有一种很粗糙的石头,叫做"砾岩"。你可以清楚地看到,砾岩中包含着从前的鹅卵石。这说明了岩石生成的地方,是当时陆地的边缘,较大的石子不能被搬到海或湖的中央,便在岸边留下了。可是,有时候,在粗糙的岩石上覆盖着的岩层,它里面的物质颗粒却逐渐变细了,这是什么道理呢?这是因为地壳下沉,使原来靠岸的地方变成了海洋的中心。

从"死"的石头上,我们看到了地壳的活动。

石头颜色的不同,也常常说明着地球上的变化。红色的岩石意味着当时气候非常炎热,而灰黑色常常是寒冷的表示。如果这里的石头有光滑的擦痕,那很可能从前这里有冰河经过。

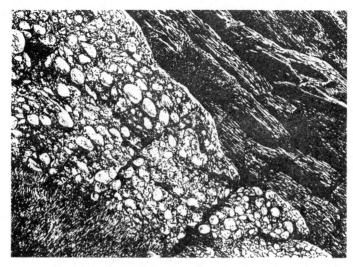

砾岩

　　古代生物的状况，在岩石中更有着丰富的记录。许多生物的尸体由于和泥沙埋在一起，被泥沙紧紧包裹住，没有毁灭消失，而让别的矿物质填充了它的遗体，保留了它的外形甚至内部的构造。在特殊的情况下，某些生物的尸体竟完整地保存下来了，如北极冻土带中的长毛象、琥珀中的昆虫。所有这些都叫做"化石"。

　　化石是历史的证人，它帮助我们认识地球历史的发展过程。

　　例如，很多地方都发现了一种海洋生物三叶虫的化石。它告诉我们，在距现在大约6亿多年前到5亿多年前的那个叫做"寒武纪"的时代，地球上的海洋是多么的宽广。许多高大树木的化石告诉我们，有一个时期地球上的气候是温暖而潮湿的，这是叫做"石炭纪"的时代的特征。还有一些"象"和"犀牛"都长上了长长的毛，这准是天气冷了，说明了"第四纪"冰河时期的来临。

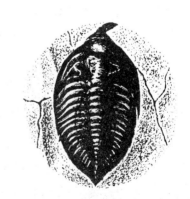

三叶虫化石

波痕

　　自然界某些转眼就消逝的活动,在石头上也留下了痕迹。如雨打沙滩的遗迹,水波使水底泥沙掀起的波痕,古代动物走过的脚印和天旱的时候泥土龟裂的形象……

　　瞧!大自然给我们保留了多好的记录。实际上,地球上的记录比这篇文章所介绍的还要丰富得多,这里不过是拉开了帷幕的一角而已。

　　当然,读懂这些记录要比认识甲骨文、钟鼎文或者楔形文字更困难些。但是,不管有多么困难,我们总有办法来读懂它。而在读懂以后,这不仅使我们增加了知识,而且还非常有助于我们去找寻地下的宝藏。例如,"寒武纪"以前形成的古老陆块内藏有许多铁矿;"石炭纪"时期又形成了许多煤矿。如果我们熟悉了这些石头的历史,便有可能踏着历史的脚印,一步一步地走向地下的宝库。

遥远,但是密切*

——关于天上和地下

天上地下,相隔遥远,似乎是风马牛不相及,然而在自然界中,天涯若咫尺,天地之间是密切联系的。我们为了更好地了解地球,还得飞上天去呢。

这是什么道理呢? "不识庐山真面目,只缘身在此山中。"苏东坡这富于哲理性的诗句,道出了个中秘密。许多有关地球的自然现象,仅仅停留在地球上是难以彻底认识的。

风云变幻,"天公"喜怒无常,带来水旱灾害,这是我们所深刻体会了的。为什么有旱有涝,它们的发生有什么规律呢? 人们作了许多努力,知道这是大气活动的结果,特别是大气稠密的低层,即宇宙飞行员所看到的包住地球的蓝色的带子,这一层集中了大气总质量的90%左右,在靠近地面二三千米以内的大气中含有占容量4%左右的水蒸气,它直接造成雨露霜雪等天气现象。但是很显然,低层大气的活动是与高层大气的状况分不开的,而促使大气活动最根本的力量则来自青天之外的太阳。我们已经发现,每当太阳产生强烈活动(如耀斑爆发)时,高层的大气便迅速得到来自太阳的更多的热能,接着影响到低层的大气,这时地上就要受到暴雨、台风、暴风雪等的袭击。

因此,仅仅在地面进行观察探测,是难以掌握大气的全部状况的,在没

---

* 原载 1961 年 4 月 30 日《羊城晚报》。

有宇宙火箭以前,利用气球探空只能到达三四十千米的高度,而大气圈的总厚度据最新的探测远远超过了以往所估计的1 000千米!

苏联的载人飞船航行成功以后,预示着我们可以在宇宙空间观测大气圈的全部状况,研究太阳的活动,那时我们不仅能够更准确地预报天气,而且有可能找到控制大气活动的办法,使地球上年年风调雨顺。

地球的形状、大小等在地球上是难以一目了然的,经过多少世纪的探索,人们才认识到地球是个球形。以后根据计算,又知道它不是一个圆球,而是沿赤道一带凸出的椭圆球。但更确切地认识地球的形状则需要到宇宙空间去。科学家根据人造卫星运行的情况所提供的材料,第一次发现地球南北两个半球也不是对称的,北半球要稍微凸出一些。地球的形状还在变化,今后要确切地了解地球的样子,也还是要靠飞上宇宙空间来观测的。

不仅是地球的外貌,地球内部的许多变化也需要到宇宙空间去调查。比如地球具有磁性,指南针指着南方,以往许多人都以为这是因为地球内部是块大磁铁。但是人造卫星探测结果表明,在高空中存在环绕地球的电流,对地球的磁性有影响。人们还发现在太阳上的耀斑爆发时,由于大量带电微粒从太阳中抛射出来冲入高空的大气层,在一定时期内造成指南针摇摆失灵的现象,这清楚地表明,地球的磁性从地球本身去了解,是不能彻底明了的。

到宇宙空间去,还能帮助解决地球的起源这一根本问题。

因此,到宇宙空间中去,将使人类认识地球的能力大大提高,从而人类改造地球的能力也将加强。人,在通向宇宙的路程上走得离地球越来越遥远,对地球的了解也越来越深入,但是人类并没有疏远自己的"母亲"——地球,相反,跟它越来越密切了。

变幻多彩的地球*

人有各种料子做成的衣裳,穿起来有的凉爽,有的保暖。

地球也有各式各样的衣裳,五颜六色,绚烂多彩,而且会随岁月的更替而变易。地球特有的大气、水和生物,使它成为太阳系中独一无二的色彩丰富的行星。

蓝色的衣裳是海洋湖泊,起着冬天暖和、夏天凉爽的作用。这是因为水所能吸收容纳的热量特别多,使1立方厘米的水升高温度1℃所需的热,足以使3 000多立方厘米的空气或是5立方厘米的花岗岩也升高1℃。当阳光强烈时,水把大量的热吸去了,起了降低气温的作用;当天气转冷后,水又把热陆续放出来,使气温不致降得太低。

地球上约有71%的面积遮盖着蓝色的衣裳,而在大陆上又有大约1/5的土地穿着黄色的衣裳。这是沙漠或半沙漠地区,它使那里的气温热时特别热,冷时特别冷,不是雪中送炭,而是火上浇油,起着与海洋相反的作用。在沙漠中,昼夜间温度的差别常常达到好几十摄氏度。

黄色衣裳的这种作用,一方面由于它本身吸收容纳热量的能力比水要差许多,同时也因为它不能像海洋那样经常把大量水蒸气输送到空中,使那里的空气保持比较潮湿的状况。

大气是地球最重要的一件外衣,它拦截阻挡着太阳射来的热,同时也

---

* 　原载 1961 年 11 月 16 日《中国青年报》。

阻拦地面的热向宇宙中散失,假使没有大气,被太阳照着的地方就太热了,而晒不到太阳的地方又太冷了。宇宙飞船便可经历这种奇妙的境界,飞船在阴影处的温度可低到接近-273℃。在高空中,尽管还未飞出大气圈的外层,但那里空气已稀薄到接近地面上人工制造的真空,不能起到吸热保暖的作用了。

空气中含的水蒸气多,吸热能力就强,所以海洋上潮湿的空气比沙漠上干燥的空气更能吸热保暖,调节温度。

在高山上,空气稀薄,水蒸气的含量也少,热量来得虽多,去得也快,到了一定程度,支出更超过了收入。那里常常终年被冰雪所掩盖,穿起了白色的衣裳。

两极也是终年穿着白色衣裳的地区,那里因为所处地理位置的影响,阳光是斜射的,阳光在大气中旅行的路线长,沿途被拦截阻挡掉的热就多,所以到达地面的热量少,因此两极的气候严寒。地面得到的热量已经少了,白色的衣裳更将这些热大量反射掉,刚落下的白净的雪能把射到地面的90%左右的热反射回去,这就使温度更低了。

包括两极和高山地区在内,地球上约有1/10的陆地终年穿着白色的衣裳。冬季"千里冰封,万里雪飘",穿上白衣裳的地区就更多了。这些白色的衣裳对地球上的气候有重要的影响,我国气象学家吕炯等已发现,北方海洋的结冰量和我国长江流域旱涝现象的形成有一定的关系。至于那种面积广大的终年积雪的地区,更是冷空气的制造厂,广泛地影响着天气的变化。

能够使地球上冷暖干湿更加适合人类需要的,是绿色的衣裳。植物掩盖着地面,掩盖得最密的是森林,它对改善气候起着重要的作用。可惜的是,和我国辽阔的领土面积比较起来,森林面积显得太少了。

地球的衣裳和气候的关系如此密切,因此我们要使它穿得合适。这是有可能做到的,目前也正在做。植树造林、合理密植就是在加紧织造绿色的衣裳;修水库扩大水田则是使陆地上有更多的地区穿上蓝色的衣裳;这些工作的结果又都使黄色的衣裳逐渐减少。黑化冰川,使白色衣裳变黑的工作也已开始了,还有更多的为大地剪裁衣裳、描龙绣凤的工作将要进行。在宇宙飞船上天以后,我们对那看不见的最重要的地球的外衣——大气,也将了解得更清楚。将来也有可能控制它、改造它。我们一定能使地球上的气候一天天变得更好。

变幻多彩的地球

地球的面纱*

　　蓝蓝的天上白云飘。我们翘首望天,似乎高不可及。其实我们所看见的这个"天",本是"地"的一部分——地球大气圈的低层。它的高度不过十几千米,宇宙火箭很容易就穿过了这个高度,这时再回顾地球,蓝天却已跑到我们的脚下,似轻烟,似薄雾,更仿佛是一层蔚蓝色的软纱裹在地球的表面。

　　我们所看到的这个裹着地球的蓝色面纱,是由稠密的空气组成的,是阳光在其中散射的表现。

　　就整个地球来看,愈是靠近核心,组成物质的密度就愈大。以大气圈和地球的固体部分相比较,大气圈的密度要比地球的固体部分小得多,全部大气圈的质量(5 600万亿吨)还不到地球总质量的百万分之一;以大气圈的高层和低层相比较,高层的密度比低层要小得多,而且愈高愈稀薄。如果以海面上的空气密度为1,在240千米高空,大气密度就只有它的一千万分之一;到1 600千米高空,更只有它的一千万亿分之一了。整个大气圈质量的90%,集中在高于海面16千米的空间内,大体上也就是我们看到的那个蓝色的面纱的厚度。再往上去,空气就稀薄到不足以使阳光散射形成蓝色的天空了。当升到比海面高出80千米的高度,几乎全部大气圈的质量99.999%都集中在这个界限以下,而所余无几的大气占据的空间却极为

　　---

　　*　原载1977年《地球的画像》。

广大，探测结果表明，地球大气圈没有明显的边界。高层大气稀薄的程度比人造的真空还要"空"，但是，在那里确实还有气体的微粒存在，而且比星际空间的物质密度大得多，然而它们已不是气体分子，而是原子及原子再分裂而产生的粒子了。以80~100千米的高度为界，在这个界限以下的大气，尽管有稠密稀薄的不同，但它的成分大体一致，以氮和氧的分子为主，这就是我们周围的空气。而在这个界限以上，到1000千米上下，就变得以氧为主；再往上到2400千米上下，变得以氦为主，再往上，则主要是氢；在64000千米以上，大气便稀薄得和星际空间差不多了。与我们关系最密切的是低层的稠密大气。

高于海平面10~12千米以内（在两极较低，约8千米，在赤道上较高，约为16千米）的这层大气，能因冷热不同而对流，称为对流层。对流层是大气圈中最稠密的一层，大气中的水蒸气也几乎全部集中在这里，特别是在它的下半部。因而这里是风云变幻的主要场所，我们所感受到的各种天气现象都是在对流层里发生的。

在对流层里，距海面愈高气温愈低，平均每升高1千米，温度就要降低大约6.5℃。而从对流层顶上开始，温度又随着高度增加而增加。直到大约高于海面50千米处，温度又变为随着高度增加而降低。到80千米以上，温度则又升高，在500千米一带，可升高到1000℃。

在对流层上面，直到高于海面50千米的这一层，气流的特点主要表现为水平方向运动，称为平流层。

平流层以外的大气，因受太阳辐射等作用，气体分子分裂成为原子，并有发生电离成为带电粒子的，愈高这些作用愈强烈，于是在地球周围形成了能够导电、能够反射无线电波的电离层。它的底部边界高度约在65千米左右，顶部边界在650~1000千米的高度。

高层的大气表现不出绚烂多彩的天空景象，但它所表现出的电磁等现象有力地证明着这里大气的存在，那些高空中的带电粒子是受着地球磁场控制的，形成一个无形而巨大的磁层。

大气圈就是这样层层叠叠,看起来仿佛空若无物,实际上是壁垒森严,将地球重重包住。岂止是面纱,简直是屏障,是铜墙铁壁,对地球起着重要的保护作用。

1976年,我国吉林省下了一场陨石雨,成为自然界罕见的珍闻。假使没有大气,这种从天而降的陨石将成为家常便饭,给地面造成极大毁坏。正是由于大气圈的保护,高速冲来的陨石因与大气剧烈摩擦,减慢了速度,并因摩擦产生的高热影响,绝大部分陨石在100多千米的高空就化为灰尘和气体,只有极少数到达地面,而且已是强弩之末,一般不会造成什么危害了。

从天外向地球袭来的还有强烈的紫外线。假使没有大气,过多的紫外线将使地球上的生命无法生存,现在大气圈保护了我们。在大气圈中距海面20~35千米这一带含臭氧较多,所谓较多,也不过占到四百万分之一左右,但这点臭氧已足以使大量紫外线被吸收,才使得地球上各种生物免受过多的紫外线伤害;剩下少量的到达地面,对我们来说有杀菌防病作用,反而变得无害而有益了。

那些极其稀薄的为地球磁场所控制的带电粒子组成的高层大气,也有保护地球的作用,它能使宇宙中那些以高速冲向地球的粒子流偏转方向。

地球大气圈的存在,不仅保护了我们,还是生命得以发生和发展的重要条件。假使没有大气,就没有灿烂的云霞,更没有喧嚣的生命,而将是白天酷热,夜晚严寒,天上是黑洞洞的,地下是一片荒凉。月球上就是这种情景。

月球本来也是有大气的,因为它的质量少,引力小,月面的重力只有地面重力的16%,在月球上只要有每秒2.4千米的速度就可逃逸到宇宙中去。因此,体轻而又运动迅速的大气就没能在月球周围保存下来,月球成了现在这个样子。

水星的质量、引力也都比地球小得多,水星表面的重力只有地面重力的37%,保存下来的大气几乎等于零,而且为氦、氖、氩所组成,生命无从发生。

火星有微薄的大气,金星的大气也不少,但是它们的成分都是以二氧化碳为主,大约占到90%以上。二氧化碳是生命发展所需要的,在自然界中,大量绿色植物以二氧化碳为食料。但是二氧化碳的浓度太大,生命就无法存在了。像地球上这样适合于生命发生和发展的大气圈,在太阳系中是独一无二的。

地球的大气中,如按重量计算,约75.5%是氮,23.1%是氧,1.3%是氩,0.046%是二氧化碳,剩下的是其他气体。

地球大气并非从来如此,而是地球发展演化到一定阶段的产物。有的研究结果表明:大约在3.5亿年前,地球的大气圈具有了现在这样的成分和形态,在大约6亿年前,地球大气中的氧,还只有现在的1/10,约在1亿多年前,地球的气温才演变成接近现在的状况。

地球的大气也曾经有过二氧化碳占优势的时候,只是由于物质起了化学变化和后来生物的作用,大部分二氧化碳变成碳酸盐沉淀在海中,形成沉积岩,以及变成煤和石油等矿产,埋藏于地下。因此,今天地球上的碳,约有99.77%是藏在沉积岩里,0.058%是藏在煤和石油等燃料矿产里,0.16%溶解在水中,只有0.012%存在于大气和生物体内。因此只要岩石中的碳,稍有一小部分转化为二氧化碳,就会大大影响大气的成分。

大气不是固定不变的,而是每时每刻都在发生着变化。

火山喷发,供给大气以新的补充,平均计算起来,喷出的气体中有12%是二氧化碳,73%是水蒸气,还有二氧化硫、氨、氢等许多其他气体。此外,还使大量火山尘悬浮于大气之中。看来,火山喷发是大气最初的重要来源之一。今天火山的活动,是大气从地球内部不断继续分离出来的表现。

人类和其他生物的活动也在引起大气的变化,主要是消耗及产生着氧和二氧化碳。

目前,大气中二氧化碳的含量有逐渐增加的趋势。这主要是由于人类大量燃烧煤、石油和天然气造成的。大气中二氧化碳含量增加,会使地面的热量散失作用减弱。在一些工业过于集中的地区,由于排放出大量有害气体和粉尘,污染了那里的大气,甚至影响到了臭氧层,已带来恶劣后果。因此,维护大气的良好状态已成为各国人民的共同要求。我们一定要掌握好大气发展变化的规律,调节各种因素,使大气更加适合于人类生存。

南方在何处[*]

　　行军、作战的时候，识别方向是非常重要的。汉朝著名的将军李广在一次出击匈奴的战斗中，便因为迷路未能及时赶到战场，以致误失战机而被迫自杀。历史上还传说黄帝发明了指南车，因而能在浓雾中辨明方向，击败了蚩尤。

　　世界上最早创制指示方向工具的，是我们的祖先。大约在 2 000 年前，我们的祖先就发现磁石有指向南北的性质，并利用磁石制成了一种"司南"的工具。这是用磁石雕琢成的和汤匙一样的东西，匙底圆滑，将它放在光滑的铜盘上，轻轻一拨，等它静止下来，匙柄就会指向南方。后来到了宋朝，指南针也出现了。

　　有了指南针是否就能准确地找到南方呢？人们渐渐感到事情并不那样简单。哥伦布在横渡大西洋的时候，发现磁针所指的方向，随着船舶航行的远近而有所变化。我国宋代的著名学者沈括，也早在 800 多年以前便发现在我国东部的磁针所指方向并非正南，而是稍微偏东一点。

　　这是怎么回事呢？原来磁针总是指向一定的方向，是因为地球具有磁性，在地球的两端各有一处磁力特别强大的地点，叫做地磁极。从地磁极

---

*　原载 1960 年 3 月 26 日《解放军报》。

发出的强大磁力，把磁针拉向它所在的方向。地磁极是接近南极和北极的，但并不和南极、北极重合，一个约在北纬72°、西经96°处；一个约在南纬70°、东经150°处。因此，磁针一方面给人以"指南"的印象，而另一方面，磁针所指的方向，与真正的南北方向还有一定的角度，这个角度叫做磁偏角。

地球上各处磁偏角的大小，常有一定的规律，我们要精确测定方向，就得扣除磁偏角所造成的误差。

知道了某地磁偏角的大小后，还不能就此一劳永逸。因为随着时间的变化，地磁极也在移动位置，磁偏角当然也要随着变化。因此我们需要经常对地球的磁性进行观测。

知道了地磁变化的情况，使用指南针观测方向时，仍要注意其他方面的影响。比如你身上有很多铁制的东西，而且靠磁针很近，磁针又是吸铁的，这时磁针就要受铁的影响而变得不准。开头人们没有充分注意到这一点。在19世纪中许多船舶从木壳改为铁壳以后，便引起了指南针不准，而使不少船只遇险。现在我们在指南针附近安装有永久磁体和软铁块，这样，铁船对磁针的影响就能消除了。

能够对磁针造成影响的，不仅有地面上的东西，还有地下和天上的东西。当地下有磁性很强的物质(如磁铁矿)时，指南针也会失灵。世界上最大的铁矿——苏联库尔斯克铁矿，就是因为那里的磁力很强，使指南针出现误差，引起了人们的注意，而后被发现的。当太阳上发生耀斑爆发的时候，地球上的磁针就会猛烈摆动，无线电通讯也会中断。1937年，苏联英雄契卡洛夫从莫斯科穿越北极飞往美国时，就遇到了这样的磁暴，飞机盲目飞行了22个小时，幸亏由于飞行员的机智勇敢和富有经验，才免于迷路和失事。

地球磁性的成因和它的变化，目前在许多方面还是一个谜。但由于科学技术的进步，谜底正在被揭穿。

无形的锁链[*]

　　将炮弹射到月球上去，这是 19 世纪著名作家儒勒·凡尔纳提出的幻想。然而实际上这是办不到的。不要说当时的火炮，就是今天威力最猛的大炮也无法把炮弹射到宇宙空间去，炮弹飞到一定高度，总是要落下来。好像有一条看不见的链子紧紧地拉着它。这条看不见的链子就是地球的引力。地球的引力对我们的影响很大，我们的一举一动都和它有密切的关系。

　　可是人类很长时期并不懂得这一点，仅仅模糊地感到物体有"向下"的性质。在 14 世纪 30 年代欧洲人开始使用枪炮的时候，他们以为炮弹是沿直线进行的，只是在走了一定距离之后，才发生转折，垂直地落下。许多专家根据这种认识来研究大炮的瞄准，并且做了许多计算工作。但是因为根本的认识错了，这种研究当然也就毫无成效。

　　16 世纪的前半期，意大利经常受着土耳其军队的侵袭。一个没有受过学校教育的意大利青年塔尔塔利亚决心帮助他的同胞提高大炮的瞄准技术。他与当时的炮手、机械士等一些具有丰富实践经验的人们一起研究，发现了炮弹射出后不是沿直线前进，而是沿一条弧线也就是所谓抛物线前进。但是为什么会这样呢？这个问题直到 17 世纪牛顿提出了万有引力定律才得到比较清楚的解释。由于受到地球引力的影响，炮弹一边前

　　* 原载 1960 年 4 月 15 日《解放军报》。

进,一边被地球的引力不断向下拉,以致最后落到地面上。

过去还出现过这样的事情:一艘商船从荷兰载上了 5 000 吨青鱼,来到非洲一个靠近赤道的港口,在他们再一次过磅的时候,发现青鱼少了 19 吨。是谁偷了呢? 当时谁也答复不了这个问题。后来人们才发现,任何一件东西,在赤道附近去称它的重量,总要比在其他地方称的重量要轻。这是因为地球上物体重量的大小,受到地球引力的影响,引力愈大,重量愈大。按照万有引力的规律,两物体中心间的距离愈远,相互间的引力也愈小,从赤道的地面到地心的距离比从两极到地心的距离要远 2 万多米,受到的引力也就小些。同时物体的重量还受到地球自转时所产生的惯性离心力**的影响,离心力抵消着引力的作用,它们的合力称为重力。赤道上的离心力最大,因此物体在那里就要轻些了。据计算,两极地区的重力要比赤道附近大 0.53%。那里 1 千克重的东西,运到赤道附近,就会减轻 5.3 克。

地下的物质密度常常是不一样的,而物质的密度也对重力有影响,密度大时重力也就大。因此重力的变化到处都存在,并且可以用仪器探测出来。例如铁矿石的密度很大,岩盐的密度则较小,如果地下有空洞,密度就更小了;又如各种岩石的密度也各有不同。因此根据重力的变化可以探知地下的岩石和矿藏的分布情况。这是一种重要的勘探方法。

研究重力对于大炮的瞄准也是很重要的,特别是在发射远程导弹时,更为重要。

多少年来,重力这条锁链一直牢牢地把人类拴在地球上,可是现在宇宙火箭已摆脱了重力的控制,当火箭具有每秒 16.7 千米的速度时就能挣断这条无形的锁链,飞出太阳系在太空中遨游了。

** 物体在做圆周运动时,会产生出一种沿圆周的切线方向飞出去的动向,人们误以为这是离心力的作用,实际上并不存在这种所谓的离心力,而是惯性的作用,但离心力这个词已广泛使用了很久,约定俗成,故本书中仍在使用,在此加上惯性二字以示其意并作此说明。

现在几点钟[*]

在现代战争中,准确地掌握时间是非常重要的。

也许你觉得准确地掌握时间并没有什么困难,只要大家把钟表对准就行了,可是又根据什么来对钟表呢?

目前我们计算时间是根据地球自转的速度来度量的,地球自转一周的时间被算作 24 小时,严格地说来应当是 23 小时 56 分 4 秒。

因此时间不是抽象的概念,它与地球的运动有紧密的联系。每过去 1 秒钟,在赤道上的任何一点都向前转动了 464 米。炮手在发炮的时候如果没有估计到这一点,那么当炮弹在空中飞行的时候,你要射击的目标已经向前挪动,你就不能命中目标。当然,在距离近的时候差错不会显著,但在距离远时,可以差到几米,特别是远程导弹的发射更需要精确地把时间条件估计在内才能命中目标。

在我们的感觉中,地球的自转速度似乎是均匀而稳定的,因而不会感到时间在变化。但是事实上时间是在变化着,因为地球自转的速度经常变化,从长时间来看,更为明显。

早在 200 多年以前,人们就发现了月球运动加快的现象,有人提出了这样的疑问:月球是绕地球运行的,是月球运动加快了呢? 还是地球的自转速度变慢了呢?

* 原载 1960 年 4 月 26 日《解放军报》。

　　经过 200 多年的观测，人们证实地球是逐渐地转慢了，时间也跟着慢了，有时还会突然减慢得很多。1959 年 7 月，许多地方都记录到地球自转速度突然减慢的情况。虽然这些减慢的数字是微小的，我们的感官根本觉察不出来，但长期积累下来，也就可观了。有人认为 20 亿年前，一昼夜仅仅相当于现在的 8 小时。

　　为什么地球的自转速度会变慢呢？许多人认为这是潮汐的影响。因为在涨潮退潮时，潮水都要和地面发生有力的摩擦。大气和地面的摩擦也可能使地球自转速度减慢，此外，地球体积的膨胀和收缩，地球内部物质因为运动而发生的密度变化，都可以影响地球自转的速度。

　　尽管以上种种看法都还值得讨论，但时间在变却是事实，我们怎样才能知道时间是不是在变呢？这就需要一种最标准的钟来校正。当然这种钟不能是常见的普通的钟，需要利用自然界中别的东西作为计算时间的标准。人们发现，气体分子的振动的频率总是固定不变的。这是一种比地球自转速度更为可靠的时间标准。能够准确地起着"摆"的作用的还有石英片，将它连接在电路中，它便会发生可以调节时钟行程的振动，这种"石英钟"**的准确性比前一种方法还要差一点，但比通常的钟表则准确了许多，目前许多地方报告时间都是以"石英钟"为根据的。

　　**　石英钟在 20 世纪 50 年代取代了旧的天文摆钟，随后又出现了比它更精确的原子钟，在本文发表后 7 年（1967），利用原子振荡周期原理制成的原子钟代替石英钟用于计量时间。

来自地下的情报*

1800多年以前，在东汉的京城洛阳，有位著名的学者张衡，一天，他告诉大家：京城西边有的地方发生了地震。可是人们并未感觉到震动，谁也不肯相信。过了几天，送信的使者骑着快马带来了消息，果然那天在甘肃西部发生了地震。

是谁那样迅速地向张衡报告了地震的消息呢？不是别人，正是地震自己。

原来在发生地震的时候，从地震的发源地向四面传出了一阵阵波动，这种波动叫做地震波，地震波到了哪里，哪里就有震动。地震波跑的速度很快，有一种跑得特别快的叫做纵波，在地壳中传播的速度达到每秒五六千米；另一种跑得较慢的，在地壳中传播的速度也有每秒二三千米。要知道喷气式飞机的速度最快也不过每秒0.25千米左右，就可以想到地震波传播得是多么快了。

地震波传播的速度，和它是在什么物质中进行传播有关，物质的弹性愈强，地震波在其中传播的速度也愈快。当地震波传到地面时，还能激发地壳表面产生一种只能沿地壳表面传播的波动，叫做表面波，地震时造成

＊　原载1960年5月13日《解放军报》。

地面各种破坏的多是由于这种波动。

表面波的速度也不慢,每秒有 3 000 多米。

因此,一处发生了地震,在它周围的地区很快就会感到:愈是靠近地震发源地的地方,感到的震动愈强,愈远愈弱;地震的程度愈剧烈,所能影响的范围也愈大。

单凭人的感官来察觉地震波的传播是很不够的,当震动变得很微弱以后,人就不能发现了,这时用仪器才能测出。张衡在公元 132 年发明制作了世界上第一台地震仪,因此他能在一般人不能察觉的情况下得知什么方向发生了地震。

近代的地震仪不仅能察知震动的存在和来自何方,还能查出震动的强烈程度以及传播速度的变化。

有了这些资料,我们就能准确地找出地震发源地的所在。

地震的发源地通常是地壳发生断裂、塌陷或是有火山喷发的地方。

人为的原因也可以引起大地的震动,火车过时,附近能感到震动,核武器爆炸当然更要引起震动了。因此,研究地震波传播的规律对国防有重要的意义。

地震波的研究还广泛应用于找矿以及其他需要了解地下情况的地方,因为地震波像光波一样在从一种物质进入另一种物质时会发生折射或反射。我们用爆炸人工制造地震,使地震波向地下传播,这时地震波就会有因地下岩石或矿体性质的不同而发生折射或反射的,遇到地下有裂缝、空洞等时也会改变前进的方向。我们将折射和反射上来的地震波用仪器接收下来,研究它在地下旅程中速度的变化和在多深的地方发生了折射和反射,就可以查明地下许多情况,帮助我们找到矿藏和提供其他方面所需要的资料。

地震波像探照灯一样,给我们照亮了地下的世界,使我们得到了来自地下的许多重要的情报。

深入地下会遇到些什么*

飞向太空的宇宙飞船已经发射成功，苏联有人提出发射地质火箭，向地球内部进军。地质火箭在入地的途中会遇到些什么呢？

战胜岩石的阻碍

宇宙火箭飞出地球，需要战胜大气的阻碍，而地质火箭的发射则首先碰到了岩石。岩石组成了地球的硬壳，地壳最厚的部分如喜马拉雅山一带，可以达到七八十千米。当然发射地质火箭不会选择这样的地方。地壳也有一些较薄的部分（如太平洋北部，薄到不足 10 千米），可能地质火箭要选择类似这些较薄的部分进入地球。

但是要突破这地壳最薄的部分也不是容易的事，每前进一步都需要付出巨大的代价。在这里首先要突破的是坚硬致密的岩石。组成地壳表面的岩石的密度，要比靠近地面的稠密大气的密度大 2 000 多倍。我们知道，大气能给火箭造成强大的阻力，和它发生摩擦，就会造成足以使一般金属熔融的高温。和这样坚固的岩石打交道，又会有什么样的结果呢？

幸而从地面到地心的旅程比宇宙航行要近得多，不过 6 300 多千米；同

---

* 原载 1961 年 6 月 24 日《工人日报》。

时不必考虑摆脱地心引力的影响,因而不需要地质火箭也具有宇宙火箭那样高的速度,摩擦的强烈程度可以减轻一些。但是要想较快地突破岩石的阻碍,仍需要有极其强大的动力,而单纯利用机械的方法来穿凿岩石也值得改进。目前已有利用高热喷气流、高频电流等使岩石骤然受到高热因而碎裂的方法来向地下钻孔。可以预料,未来的地质火箭一定会利用更多的先进技术破碎岩石,突破这深入地球内部的第一关。

抗住强大的压力

宇宙火箭在进入高空后,那里的物质愈来愈稀薄;可是地质火箭在深入地下后,地下的物质却是愈来愈致密。在地下所受的压力也是愈深愈大。

在地心,压强达到 3 亿多千帕。

在地下几千米的地方,压强也常达到 10 万千帕以上。这种压力和静水压力相似,物质在那里四面受力,而且力的大小比较均匀。在这种强大而均匀的压力下,发生了许多有趣的事情。本来坚硬的物质,现在也变得具有一定的可塑性,能够在一定限度内受外力作用改变自己的形状而不致破裂。

在印度南部的科拉金矿,那里最深的坑道也不过深达将近 3 000 米,但在给岩石钻孔以后,一天之内,钻孔四壁的岩石便已明显地压缩聚拢,使钻孔的直径缩小了 0.9 米。

可以设想,地质火箭在向地下钻进以后,在通过这种地带时困难将是很多的,甚至它所钻出的通道会不会因地下强大的压力而收缩以至封闭呢? 这也是需要解决的问题。

会不会碰上岩浆？

在具有可塑性的物质中前进是困难的，要是碰上液体而且是灼热的液体呢？

有的人认为，地壳下面有一层处于熔融状态的岩浆，火山喷发就是岩浆活动的表现。从火山口流出的熔岩温度常在 1 000℃以上，而它在从地下到地上的征途中已经散失了不少热，由此可见，在地下深处的岩浆，它的温度比这还要高。

不过，也有人认为，岩浆在地球内部并没有形成连续的一层，而是东一处西一处零散地分布着的。如果真的如此，我们倒可以设法绕过岩浆区域了，但是我们仍然不得不遭遇高温。

进入谜一样的世界

地下深处是很热的，在地壳上层，我们实地测得的资料表明，通常每深33 米温度要升高 1℃；在更深的地方，人们设想温度不会特别高，但也有几千度。

几千度的温度是人类不难战胜的，但是你得想到那里同时存在着的巨大的压力，高温和高压使地心成为一个谜一样的世界，我们还很难设想地质火箭到了那里会有些什么遭遇。

注：这篇文章发表后，探空的火箭技术发展神速，太阳系中各行星，除冥王星外，均已有空间探测器前去靠近它们观测。探测器还多次降落在月球和火星上，人类登月的梦想也已实现，但入地比上天难。向地下发射地

质火箭的事，未见再有人提起了，真正能做的还是向地下钻孔。人们想钻透地壳，现已达到1万多米，但愈向深处去，本文中提到的那些困难更难克服，举步维艰了。目前仍是主要靠地震波提供情报，这方面倒是颇有收获，对地球内部的情况了解得更清楚了，已经可以肯定地说，地下只是局部存在岩浆，地幔也主要由岩石构成。

名山不在高*

　　每年到了炎热的夏天，许多人在劳动之余到庐山、黄山这些名山里去休养、避暑。

　　我国名山之多是世界少有的，这与我国多高山有关。但名山并不一定很高，黄山、庐山、天台山、雁荡山等都不过海拔 1 000 多米，"登泰山而小天下"的泰山其实也只有 1 500 多米高。华山高到 2 000 多米，五台山和峨眉山超过了 3 000 米，在名山中算很高的了。但是这些山要是移到青海、西藏一带，不过是些极普通的山岭。不过，在我国的青藏高原的许多高山，却只有登山运动员能上去，上去了也会因空气稀薄、气候寒冷而无法久留，所以不能成为游览、休养的胜地。

　　陶渊明有诗"连林人不觉，独树众乃奇"，名山大多出现在海拔较低的地区，大概也是这个原因。虽然山本身并不太高，但和周围的平地比起来，还是显得很突出。

　　为什么平地会有奇峰突起呢？

　　如果你仔细观察一下，便会发现构成名山的岩石大都很坚固，不易风化；而名山周围一带往往因为那里的岩石容易风化，以致被破坏成为低地。黄山就是如此，坚固的花岗岩构成了黄山主峰，较软的沉积岩形成了外围平缓地带。其他如西岳华山、南岳衡山、崂山、九华山等的主体都是花岗

---

　　* 原载 1959 年 8 月 2 日《人民日报》。

岩。这不仅因为花岗岩坚固，还因为花岗岩大多是造山运动的岩浆钻到地壳隆起部分的核心中冷凝而成，所以常居于别的岩石之中，而且最后受到风化，易成突兀的山峰。除了花岗岩，别的坚固的岩石有时也能够构成奇山。

平地突起奇峰，还可以由于地壳发生断裂，有的断块上升成山，有的断块下沉，被泥沙堆积成平原。北京平原就是这种平原，而西山是上升的断块。华山、庐山也有这种活动。

我国在地质历史上地壳运动频繁而剧烈，这是高山和名山特别多的根本原因，但名山能有雄伟而复杂的形态，还得力于阳光、风、水等的破坏和搬运。如黄山之奇，便是因为在地球历史上最近时期内有过冰川活动。冰川滑动时的破坏力极大，简直有如钢刀在刨刮地壳，将山谷刨成槽形，使山峰尖锐如角，山脊峻峭如刃。而由于山崖陡峭，更能使流水一跌千丈，形成飞瀑。

我国的这些风景奇秀的名山，在过去不过是供人游览罢了，其实它们在经济上、科学上都有很大的意义。近年来已在峨眉山、五台山上发现了矿产，而组成名山的花岗岩等坚固的岩石往往是良好的建筑材料。北京天安门前人民英雄纪念碑的碑心石就是从崂山搬运来的。此外，由于山中气候条件特殊，如高寒多云，因此常生长着名贵的药材、茶叶等经济作物，以及珍禽奇兽。山中成了研究生物、气象等的好场所。

会"长"高的山*

　　登上珠穆朗玛峰以后，就海拔高度来说，照理登山纪录是不可能再被打破了，因为珠穆朗玛峰是人所共知的世界第一高峰。

　　但是，我要说这是完全可以打破的纪录，只要我们一次又一次地去攀登珠穆朗玛峰，就可以不断地创造新纪录。因为喜马拉雅山正在上升，珠穆朗玛峰就会有一定程度的升高。喜马拉雅山过去是海，在地球最近的历史时期才隆起成为大山，仅仅在10多万年以来，上升速度曾达到每100年12～13米。直到今天，这种上升运动还未停止。1950年中印边境发生了大地震，据有些人计算，珠穆朗玛峰因为这次地震的影响，大约升高了61米。当然，这个材料还不一定完全可靠，但喜马拉雅山正在上升，则是千真万确的事实。

　　这种地壳上升的运动，在许多地方都可以通过研究地形的变化，进行大地测量等方法察觉到，尤其是在海边最为清楚。16世纪时，俄国沙皇在白海海岸建造的村落，如今距海已有五六千米了；在我国广州附近的七星岗，发现了由海水侵蚀造成的悬崖和崖上的凹槽，证明这里是从前的海岸，可是现在的海岸距离这里已有50千米。海岸为什么会向前推进呢？这是海边地势上升的结果。地势上升的迹象在芬兰海岸看得最清楚，因为100年前有些水手和渔夫沿着水面在岩壁上做下了记号，100年后当人们看到

---

　　* 原载1958年8月2日《新观察》。

这些记号时，它们已高出水面 2 米了。

看到这种现象，也有人并不认为是地壳在上升，而认为是海水减少，海平面下降的结果。如果真的这样，全世界的海面都应该降低，海水都应该退却，但是事实并不如此，有的地方海面反而相对地升高了。这表明地壳有的部分确实是在上升，另外有些部分则在下降，在下降的时候，海面就会升高。

西欧沿海就是显著的下降地带。科学家们发现英伦三岛本来和大陆连成一块，现在的海峡是地壳下降的结果。直到今天，英国南岸地壳还在下沉。17 世纪前一座古城布莱敦所在的地方，如今已变成一片防波堤了。在英国对岸，荷兰、比利时、法国沿海一带地壳也都在下沉，特别是荷兰，1800～1900 年，海岸已下降了 30 厘米。

地壳下降运动在地球上许多地方也正在进行，而且常常与上升运动联系在一起。比如我国华北大平原是个显著的下降区，因为地壳长期下凹能够容纳大量的沉积物，造成了宽广的平原，但紧挨着它的太行山、燕山则正在上升，越过太行山，从汾河一直到渭河两岸都是下降地带，但渭河以南的秦岭，又是上升地区了；新疆、塔里木盆地中心在上升，边缘却在下降。类似这样的事实，无论在我国或在外国都还很多。

这些事实生动地表明地壳充满了对立而又统一的运动。古希腊学者亚里士多德说过："地球的变化同我们短暂的生命相比，是很缓慢的，因此简直注意不到它的变化。"

作为个人，生命的确是短暂的，但当你投入集体的事业中后，生命就变得无穷，不仅能够注意到地球的变化，还将能掌握它的变化的规律。

目前我们可以依据事实，确信地壳的任何部分都一刻也未停止过运动。

我国的山为什么特别多[*]

我国从南到北,从东到西,大多是巍峨险峻的高山,或者是高低起伏的丘陵,如果计算起来,全国山区面积要占到全国总面积的 2/3 左右。你可能会感到奇怪:为什么我国的山特别多呢?

这是因为近 1 亿多年以来,地壳运动在我国进行得特别强烈。最显著的有两个时期。第一个时期是从一亿三四千万年前开始,到 7 000 万年前左右告一段落。这时候在我国许多地区,地壳因为受到强有力的挤压,褶皱隆起,成为绵亘的山脉,北京附近的燕山,就是典型的代表。科学家把出现在这个时期的强烈的地壳运动,总的叫做燕山运动。今天我国地势起伏的大体轮廓,就是在燕山运动中初步奠定的。再一个时期是近 3 000 万年以来,我国又成为地球上一个地壳运动强烈的地带,高大的喜马拉雅山从海底崛起,不止是喜马拉雅山,我国许多地方都表现出地壳的活动增强了,特别是西部地区,隆起上升的现象很显著,许多在燕山运动中已经形成的山岳再次被抬升,这种变动直到今天还没有完全停止下来。

山岳从地面凸起以后,如果稳定下来,不再上升,由于风、水、阳光、生物等自然力的破坏,时间久了,会逐渐被削低甚至被夷平,所以世界上有许多从古老的大山变来的低丘和平地,这种地方一般是地球历史近期中地壳比较稳定的部分。而我国许多地区的情况恰恰相反,地壳的活动性在这个

033

---

* 原载 1965 年《你知道吗》。

阶段仍然很强,用地质的时间观念来看,许多山岳形成还不久,而且现在还在继续升高,所以我国的山自然就特别高、特别多了。

地壳为什么会运动呢?现今流行的说法是,地幔里具有塑性的物质因为各处冷热不均而发生对流,带动了上面的岩石圈层。现查明这个岩石圈层并不是一个整体,而是许多被很深很大的裂缝分割开来的板状块体相互嵌合在一起,由于组成"板块"的岩石比下边的地幔里的物质轻,所以它们有点像冰山浮在水上一样"浮"在地幔上,地幔里的物质动起来了,它们当然也要跟着动。按照这种说法,我国西南边界一带,正好是两个板块碰在一起的地方,它们互相挤压,地壳褶皱隆起,这就形成了喜马拉雅山,影响到我国群山崛起。

山水之间[*]

　　早在 1853 年，马克思就说过："气候和土地条件……使利用运河和水利工程进行灌溉成了东方农业的基础。"在我国，兴修水利尤为重要，因为我国的一个特点是山多且高，从陆地的平均高度来看，达到 2 800 米，这比苏联高出 2 370 米，比欧洲高出 2 500 米。而高山平原间高低相差的悬殊，也为世界少有，自太行山、伏牛山、巫山一线以东，真个是一落千丈。

　　地势如此，与水何关？这可大有关系。水往低处流，人所共知。地势有高有低，方有河流湖泊的出现，而地势愈陡，水流愈急，来也匆匆，去也匆匆，既不能在地面有较久的停留，又来不及较多地渗入地下储备以供天旱时所需。于是有雨成水灾，无雨成旱灾。

　　水流愈急，水的活动能力也愈强，对地面的冲刷也就愈加厉害，覆盖山上的土壤不断被水冲走，露出了瘦骨嶙峋的岩石，这时水就更难渗入地下，更多的水迅速从地面流走，而地面流水的水量加大后，反过来对山的破坏力又加强了，于是这里出现了一个恶性的循环，水力对山进行破坏→山的破坏使水的破坏力加强→加强了的水力对山进行更厉害的破坏→……

　　山和水的这种纠纷使得人们大吃苦头，被称做"住在穷山头，旱涝都发愁"。而"穷山恶水"成了一个完整的词儿。

　　山水之间的关系固然可以不断恶化，但也可以相辅相成，相得益彰，关

---

　　① 原载 1958 年 12 月 24 日《人民日报》。

键在于人们不能听任它们自然发展,甚至对已经恶化的关系火上浇油。

我们要设法使水流得慢些,设法使水经常能保持一部分在山中。

我们用不着把大山夷平,山上挖掘的水平沟、鱼鳞坑,修建的谷坊、水库、梯田等都足以大挫流水汹汹的来势,因为在这些地方,地势局部地变得平缓了,水流速度只好减慢,并且有一部分暂时停留下来。

我们还找到一个调解山水纠纷的重要帮手,这就是植物。植物像山的雨伞或者外衣,它们使雨点不能直接冲击山上的土石,减弱对山的破坏,植物的根还使山上的土壤团结起来不易冲走,而每一棵植物都是一个小小的水库,一方面自己吸收了许多水分,一方面还拦截了许多水分储藏在地下。在林区,土壤的流失几等于零,而1万平方米森林每年蒸发到空中的湿气总重量有100万~350万千克之多,气候也可以得到改善。

于是我们得到了一个新的美好的循环,水使山上生长植物→植物使水更多地保持在山上,减轻水对山的破坏→山的破坏愈小,山上的水愈多,植物生长愈好;依赖植物为生的动物也繁殖起来。如此不断发展,愈来愈美好,我们得到了森林山、花果山、牛羊山、万宝山,山下也免掉了旱涝的威胁,而山中的水库更是电力的来源。

使山水的关系进入这美好的循环中真是造福万代的事业,这需要我们作很大的努力,山区占我国面积的2/3,而森林面积在全国解放时只有全国总面积的1/10左右。

在古代,治水者倒还有,治山者就没有听说过。封建统治者们只能"封泰山,禅梁甫",膜拜于大小山岳之前,这伟大的事业,只有毛泽东时代的英雄人民才能完成。

水土之间*

　　庄稼生长离不了土，也离不了水。水是保存在土里的，但并不是什么土都能很好地蓄水，像沙土的沙粒粗，孔隙大，水渗进去容易，流走也容易。那么，那种土粒细微、土中孔隙很小的土，水在里面不容易流失了吧！是的，但孔隙太小了，水渗进去以后便堵塞在孔隙里，不易向深处渗透，仍然不能多蓄水；大旱之年还因孔隙很小具有毛细管作用，能使地下水上升蒸发掉，土地成为板结的硬块。特别是土中的孔隙被水堵住后，空气就进不去，而植物的根是需要呼吸新鲜空气的，空气不流通，庄稼就长不好，甚至发生病害。

　　因此，有利于庄稼生长的土应当是水渗进去容易，流走难，既能蓄水又能透气。这就既要求土粒粗，孔隙大；又要求土粒细，孔隙小。这两种相反的条件，能够同时具备吗？

　　能够。当微细的土粒不只是单个存在，还分别聚集成团，一团一团地出现时，就具有这样的性能。这种成团的土粒称为团粒或团聚体。在每个团粒内部，土粒与土粒之间的孔隙是小的，水肥可以在那里保存；在团粒与团粒之间，孔隙是大的，渗水、透气都很方便，因为团粒比较粗，有的比绿豆小，有的还可以更大一些。

　　在有很多团粒的土里，下雨时，水能较快地渗透下去，里面的团粒充分

---

　　* 原载 1979 年《地球的画像》。

吸收，成了一个个"小水库"；天旱时，由于团粒与团粒之间没有毛细管连通，地下水就不易上升蒸发掉；平时水藏在团粒里，空气流通于团粒间，各得其所，矛盾解决了。

土质比较好，特别是含有足够的腐殖质，是形成团粒的重要条件。土质太黏、太沙和缺少腐殖质是不能形成团粒的。但这也可以用人工加以改变，各种土可以调剂，腐殖质也可以通过种绿肥、施加有机肥料，使它逐渐增多，总之是有办法的。

近年来人们还发现，用化学药剂除草，不去翻耕搅动土壤，让收割了的庄稼的秸秆就腐烂在地里，这样，土壤里的有机物分解缓慢，既能保住肥分，又可经常持久地产生腐殖质，有利于团粒结构的形成，大大提高了土壤蓄水保墒的能力。这样做，既节约了劳力，又可增产。而过分地翻土耕地，反而使有机物不易保存，破坏了土壤的结构，造成水土易于流失。这和过去认为土地应该深翻勤耕的传统经验比起来，变化是太大了。因此，有人说这是现代农业耕作方式上的一次革命。虽然，还有不少问题需要进一步探索，但是，一条改善水土的新途径已经找到了。

北京需要森林

都市中嘈杂的噪音，刺鼻的烟雾，恶劣的空气，以及随之增加的神经衰弱、哮喘、冠心病等，都需要森林帮助我们解决。

然而，长期以来，城市与森林摆不到一起。"结庐在人境，而无车马喧"，在人口稀疏的古代也许是写实的，但在现在想无"车马喧"怕是难于上青天了。拿北京来说，不仅城市缺少树木，郊区也是西山烈烈、草木零落。冯琢庵的诗不是说"烟封鸟道云难渡，风起西沙日易昏"么？出现这种景象的原因，人们容易想到是自然条件不好，降水量少，山上土薄石厚，森林无法形成。然而实际应该倒果为因来认识，正是因为这里的森林被破坏了，保存不住水土，而树木也就难以再繁殖起来，于是水土流失愈加严重，导致了恶性循环。

北京及其附近地区，从前并不缺少森林，明人邱浚（1420—1495）在《大学衍义补》中就曾谈到这一点，他说这些地方原来是"蹊径狭隘，林木茂密"，"不知何人，始于何时，乃以薪炭之故，营缮之用，伐木取柴，折枝为薪，烧柴为炭，致使木植日稀"。

北京森林的破坏始于何时，确难考证，但大抵是城市兴起以后，特别是金、元、明、清定都于此，破坏就加剧了。不过从金朝统治者经常在北京近郊打猎，还听到了虎啸这种情况来看，那时北京地区的森林还是不少的。

---

*　原载 1980 年 3 月 11 日《北京晚报》。

就是到了明朝，今天八大学院这一带还可见到"飞雨过时青未了，落花残处绿还浓"的景色，树木是很茂密的。那时北京地区的"海子"也比较多，水是比今天充沛的，但随着京都的繁华，森林的破坏也愈加严重，到解放时，留给我们的就是大片的石质荒山和频繁的风沙。

新中国成立后，北京植树造林有成绩，然而，后来竟被诬为"桃红柳绿害死人"，于是"不为城市老爷造乐园"，连"文化大革命"前全市营造的2670多平方米公园绿地，也被破坏了将近1/6。现在北京城市人口每人平均占有的绿地仅有3.9平方米，而国外有些城市，如澳大利亚首都堪培拉多达每人70多平方米，真的做到了都市如园林。我们呢？应该急起直追了吧！

为什么长江三峡特别险峻*

"自三峡七百里中，两岸连山，略无阙处。重岩叠嶂，隐天蔽日，自非亭午夜分，不见曦月。"这是古书《水经注》中对长江三峡风光的一段描写。你瞧，两岸连绵的山峰起这样陡峭高峻，以致非到正午或半夜，太阳或月亮当顶的时候，在峡中竟看不见它们。

上面的描写并不是文学家过分的夸张，全长200多千米的三峡，确是非常险峻，两岸的山峰很多高出江底500余米，而且像直立的墙一样夹住江水，江面最狭处只有140米，水流很急，河道曲折，险滩又多。

为什么长江三峡会这样险峻呢？

这是江水的工作和地壳运动的影响。

原来在1亿几千万年以前，四川盆地本来是大海的一部分，后来由于地壳上升逐渐变成了内陆湖，接着地壳的运动缓和了一个时期，到几千万年前时，这个湖和长江之间还隔着一道分水岭，就在今天三

041

---

* 原载1962年《十万个为什么》第6册第1版。

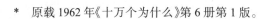
为什么长江三峡特别险峻

峡一带。那时长江的上游从这分水岭向东流出，分水岭的西侧的水则流进湖中。

流水不断冲刷着地面，在分水岭上冲出了一条条山沟，并且一天天扩大、加深、延长，从只是下雨时才有水的沟壑发展为河流的新的上游，并且终于将分水岭切割出一条通道，使长江和四川盆地的内陆湖连接起来了。在完成这一巨大工程的过程中，分水岭西侧流向湖中的河流也同样在延伸自己的上游，为和长江会师贡献了力量。

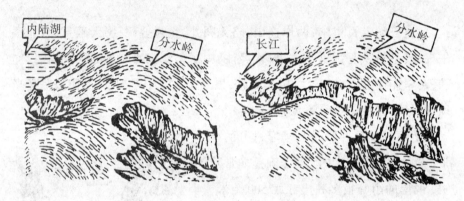

在分水岭被打通后的一段时期内，那一带的地势并不十分险峻，但是后来这里的地壳上升运动又活跃起来，加上江水的工作才发展成今天的状况。为什么呢？因为按照一般规律，当河谷被流水冲刷到河面与海面的高度接近时，力量就要大大减弱，甚至失去向下侵蚀的能力，转而主要破坏两岸，开拓河谷，河流两岸的高地也逐渐被夷平。可是这里一方面流水在不断冲刷河底，另一方面河底因流水冲刷而失去的高度，随即由于地势升高而得到补偿，因此河底与河面总是保持较高的高度，河水经常具有强大的向下的冲刷力，来不及向两岸扩展，因此就使两岸显得愈来愈高峻了。深峻的峡谷的出现成为地壳上升的标志。

我国许多地区特别是西部地区在地球最近历史时期都在上升，所以我国不仅有三峡，还有其他许多峡谷，一直到今天，这些地区上升的运动还在进行，峡谷也还在继续发育。

为什么桂林山水特别秀丽*

桂林一带，山奇水秀，风景美丽，一向有"桂林山水甲天下"之称。这里的风景是不是比我国其他所有的风景区都更美丽呢？可能每个人的看法不完全一样。但它确乎有点与众不同，别具风格，使人在看惯了一般的山水后，再看到桂林山水时，特别感到清新。

桂林山水有什么独特的地方呢？唐代文学家韩愈的诗句"江作青罗带，山如碧玉簪"，形象而深刻地揭示了它的特点。你看江水是这样清澈，天光山色映在其中，犹如图画。更加奇绝的是那峻峭的群峰，林立的怪石，它们的形态千变万化，看起来好像凶猛的野兽、锋利的刀剑、英俊的武士、苍劲的老人……它们还常常平地青云，奇峰突起，就像清代诗人袁枚所描绘的："来龙去脉绝无有，突然一峰插南斗。"你想想，在那绿色的田野中，甚至在热闹的大街上，竟会有孤峰怪石突然耸立，这是多么罕见的景色。

在这些山峦里，还常有曲折的洞穴隐藏其间，洞中常有泉水淙淙流出，奇石盘曲蜿蜒，这就使桂林山水更加引人入胜。

是谁创造了如此罕见的奇景？是大自然的手笔。许多万年以前，汪洋大海淹没了广西一带，在海底沉淀了大量的石灰质，形成了很厚的石灰岩，分布也很广阔，以后由于地壳运动，海底升起变成了陆地，这时流水将石灰岩溶解带走。石灰岩的成分是碳酸钙，它能慢慢被水溶解，特别当水中溶

043

---

* 原载 1980 年《十万个为什么》。

有二氧化碳时，溶解它就更容易。因此溶解是石灰岩受到破坏的主要方式，这种破坏方式使岩石在破坏后不会形成大量泥沙使江水浑浊，而是溶于水中，因此江水能够保持清澈。同时破坏的过程也不像一般岩石那样总是由表及里、层层剥落，而是水流到哪里，哪里就受到破坏。水往低处流，只要石灰岩有裂缝，水见缝就钻，日子久了，就将裂缝溶成空洞，不断扩大。如果这里裂缝是直立的，空洞就会扩大成漏斗状的洼地，当它们继续扩大到彼此连通时，在它们之间就只剩下孤立的残柱，这就是我们看到的奇峰怪石。还有些裂缝曲曲折折地深入石灰岩内部，溶解扩大后就成为复杂的洞穴。

事情已经相当清楚了，那分布较广的很厚的石灰岩，是形成桂林山水的物质基础，要是石灰岩太少，就会完全或大部分被溶解掉，剩不下多少东

漓江两岸岩溶峰林

西来形成奇山了。石灰岩不仅要多，还得质地纯粹，除碳酸钙以外，杂质含得少，才较易溶解。当然这还需要石灰岩中有较多的裂缝，这些裂缝常对洞穴的分布起着控制的作用。

我们还看到，水是造成奇峰怪石的主要力量，当岩石的透水性好，降水又很丰富，地下水无论是涌出还是补充都很流畅时，水的运动就激烈，有利于石灰岩地形的"发育"，一些奇峰异洞也就容易产生。在广西，由于河谷切入地下很深，地下水大量向河中宣泄，地下水的水面比较低，加上其他条件也很齐备，因而出现了桂林山水。要知道这些条件并不是很容易凑在一起的，全世界石灰岩所占的面积很大，可是像桂林山水这样美丽的风景却很少见。

为什么桂林山水特别秀丽

人间银河*

　　"日照香炉生紫烟,遥看瀑布挂前川。飞流直下三千尺,疑是银河落九天。"这是李白描写庐山瀑布的诗。瀑布在人们的眼里,是一种极为壮丽的自然景色,它那奔腾澎湃的气势,使祖国的山水显得更加雄伟和生动。在我国,瀑布是很多的,不仅是庐山、雁荡山、黄山、莫干山……许多名山中都有瀑布。在河流上,还有更多更大的瀑布,像贵州白水河上的黄果树瀑布,黄河上的壶口瀑布,牡丹江上的镜泊湖吊水楼瀑布等都是景色壮丽、水力强大的瀑布。

　　为什么会出现瀑布呢? 那是因为这里的地势突然下降,高低相差很大,水从这里流过时,便突然跌落形成瀑布。

　　地势高低相差很大的地方不少,而同时有水流过的这个条件就不一定具备了。河流是经常有水的,因此许多瀑布出现在河流上,出现在河床高低变化很大的地方。

　　在一条河流上,河底的岩石种类在各处是不一样的,有的软,有的硬。软的容易被破坏,地势变低;硬的被破坏得慢些,相对地显得高了。在软硬岩石交界的地方地势高低相差比较大,就会出现瀑布。有的河流的支流注入主流的地方,因主流中河水破坏力很大,将河床冲刷得很深,支流则浅些,于是在此处也能形成瀑布。如果不是流水,而是冰川,更能刨刮出深浅

---

　　* 原载 1979 年《地球的画像》。

不一的山谷,提供了形成瀑布的条件,这种情况主要出现在高山中。

别的一些因素也会使地形发生变化。比如,河底发生断裂,断裂的一边地壳下沉,另一边上升,这样当然会形成瀑布;另外,当河流被火山喷出的熔岩、山崩时塌下的沙石以及来自冰川的堆积物堵塞时,就造成了湖泊,而因为湖泊中的水壅得很高,从湖里流入河道时便往往形成瀑布;高山上的湖泊往山下输水时,自然更是一落千丈,白头山顶的天池出口就有一个约60米高的瀑布。从山中洞穴里流出的地下水也可以跌落得很厉害,形成悬挂的银河。

形成瀑布的原因很多,瀑布的出现清楚地表明了地壳上在不断发生变动。

瀑布出现后并不是永远不变的。在水流下跌的地方,水力最为强大,对地壳的破坏特别剧烈,瀑布跌落处的陡崖不断崩塌,向着和水流相反的方向后退,终于河底高出的部分显得不突出了,瀑布就会慢慢地消失。早在100多年以前,英国地质学家赖尔就发现著名的尼亚加拉大瀑布在最近35 000年以来已后退了11.2千米。

黄果树瀑布

瀑布所拥有的力量与它的水量和落差有关。所谓落差也就是它的高度,水量、落差愈大,瀑布跌落的力量也愈大。

面对着这样壮丽的瀑布，诗人画家常常要为它吟诗作画。但在旧社会里，由于时代的局限，纵如李白的豪放，在这大自然的杰作面前也只能发出"壮哉造化功"的感叹，乃至产生了"永愿辞人间"的念头。

在劳动人民的眼里，瀑布已不再仅仅是供观赏的景色，更重要的是，它是可以被驯服的巨大动力。大的瀑布可以发电，小的瀑布也可以推动机器碾米磨面，可以节省大量的劳动力。在我国古代，虽然那些天然的大瀑布尚未能利用，但在 1 000 多年前，人们就已开始了筑坝堰水，用来推动磨盘、石碾以及鼓风机等。现在我们更一方面利用天然瀑布，一方面大规模地在河流上兴建许多拦河坝，壅高河水水位，形成或大或小的人工瀑布来为我们服务。像刘家峡水利枢纽中，拦河大坝高达 147 米，比原来黄河上最大的天然瀑布壶口瀑布高了 8 倍多。在未来的长江上，更为巨大的人工瀑布还将出现**，使世界上著名的瀑布也感到逊色。人们光荣豪迈的劳动，正写着历史上从来没有过的诗篇。

** 三峡大坝 1994 年 12 月 14 日正式动工修建，2009 年全部完工。坝顶高程 185 米，正常蓄水位 175 米。（编辑注）

地上的明珠*

　　湖泊，躺在那辽阔的原野上、绵亘的山丛间、碧绿的草原里，晶莹滑润，好像颗颗明珠。她使景色变得秀丽而生动，"朝晖夕阴，气象万千"，令人胸怀开朗，心旷神怡。

　　过去，只有大自然能有这样的杰作。为数众多的湖泊是地壳运动的产物。地壳有时会发生断裂，断块或隆起或陷落，陷落下去的那部分正好蓄水成湖。

　　著名的西南亚洼地死海，就是地壳陷落的产物。陷落的程度是如此剧烈，以致死海的水面比海平面约低400米。死海是一个大的陷落带的一端，由此往南经红海入东非，地壳断裂陷落成长约6 500千米深浅不一的巨槽，槽中蓄水处形成了维多利亚湖、坦噶尼喀湖、尼亚萨湖等大小30多个湖泊，好似一串珍珠。

　　贝加尔湖的水面虽然要比死海的水面高出800多米，但是它的底比死海的底要深500多米，最深处低于海平面约1 300米，成为世界上最深的湖。贝加尔湖也是地壳断裂陷落蓄水而成的，目前可能还在继续陷落。我国的青海湖、滇池、洱海等也是这样形成的。

　　但是，也有不少湖泊不是地壳运动造成的。在河流的中下游，由于河水向两岸侵蚀，河道变得愈来愈弯曲，如武汉附近的长江，这种现象就很显

---

* 原载 1959 年 12 月 17 日《人民日报》。

著。当河水另行冲开了一条较为直捷的河道以后,原来的河道便淤塞成湖了。在河流淤积而成的平原上,因为各处堆积的泥沙多少不一,使地面凹凸不平,在下凹处也可以积水成湖。

我国长江中下游许多湖泊主要是以上原因造成的。杭州的西湖则由于海湾脱离了大海而形成。泥沙在海边堆起的沙坝高出水面时,会使它们隔离成湖。以上几种湖泊的形成过程中,常常同时受到地壳运动的影响。

还有许多湖泊有着种种奇特的成因:长白山顶的"天池",那是蓄满了雨水的火山口,在它北面的镜泊湖则是因约100万年前火山流出的熔岩堵塞了牡丹江而成的。冰川挟带的沙砾泥土等堆积物也能堵塞拦蓄流水,特别是冰川在滑动时能将地面刨刮出许多坑洼便于蓄水,因此造成的湖泊往往密如繁星。西藏高原上许多湖泊主要是这样形成的。芬兰能拥有湖泊数万个,成为世界上湖泊最多的国家,也是冰川作用的结果。风也能将地面吹成洼地,沙漠地区的湖泊有的便是这样造成的,我国内蒙古西部著名的居延海就是其中之一。地下水在地下把易溶的岩石溶掉造成空洞,如果连洞顶也溶穿了,这就成了水源旺盛的"龙潭",昆明附近的黑龙潭就是这种湖。有些湖泊的成因更为奇特,在加纳有一个湖是陨石冲击地面造成深坑后蓄水而成的。在帕米尔,1911年发生的地震使山崖崩塌堵塞了河流,造成了一个面积为50平方千米的湖。

由于这些原因,地球上形成了数以万计的湖泊。湖泊总面积虽仅占大陆面积的1.8%,蓄水量虽不过是海洋的五千分之一左右。但是它们有的可以调节河流水量,是良好的天然水库,能够蓄洪、灌溉、发电、养鱼和繁殖其他许多有用的水生生物;有的湖泊更是取用方便的盐库、碱库、硼砂库……此外,它们还可以改善气候,因此对人类的影响极大。

人类也在尽力设法制造更多的湖泊——人造湖。在地球的历史上,一处湖泊的形成,也许需要成千上万年,但是人工湖却只要花去其中极短暂的一段时间。

为什么长江中下游一带湖泊特别多*

　　长江中下游一带,土地肥沃,湖泊众多,据不完全统计,这里的湖泊洼地总面积达到 2 万多平方千米,相当于长江中下游平原面积的 10% 左右。像湖北省境内曾有湖泊 1 500 多个,成为全国湖泊最多的省份。

　　为什么长江中下游一带湖泊特别多呢?

　　原来长江中游的平原在地球最近历史阶段,是一个地壳发生下降运动的地区,曾经形成过巨大的洼地,出现过远比今天的规模大得多的湖泊。像我国古代有个著名的云梦大泽,就分布在湖北和湖南的交界处。后来,由于河流带来的泥沙不断淤积,将湖底垫高,有的地方逐渐露出水面。原来的大湖终于被分割成许多较小的湖泊了。

　　河流不仅带来泥沙使湖泊淤积,当洪水泛滥时,河流两岸的土地也都淤上了泥沙。由于泥沙在各地淤积厚薄不一,表面凹凸不平,当洪水退去时,有些凹地积水未泄,成了湖泊。在洪水猖獗的古代,有不少湖泊就是这样形成的。如果我们采取分洪、排洪等许多措施,使洪水受到约束和控制,由于河流泛滥、泥沙淤积而产生湖泊的作用也就不致发生了。

　　在地势很低的平原中,河水的冲刷以对河岸进行破坏为主,由于这些平原是新近由泥沙淤积而成的,组成物质比较疏松,破坏起来也较快,河岸

　　* 原载 1962 年《十万个为什么》。

051

的某些部分因受到破坏而凹进去了。可是另外有些部分，包括大多数凹岸的对岸，因为附近的水流较缓，水中的泥沙在那里堆积下来，则又使河岸凸出，河道于是变得愈来愈曲折。像湖南和湖北交界一带的长江，有的部分弯曲得几乎挨在一起了，自藕池口至城陵矶，直线距离只有 87 千米，可是河道的实际长度却有 240 千米。在这种情况下，河流有时会冲出一条较为直捷的新河道，河水不再流经原来弯曲的河段，这一段就成为弓形湖。长江中游被称为荆江的一段，在 1884—1947 年间就曾三次发生这种河道取直的现象。1952—1953 年，在这里兴建了荆江分洪工程，以减除水患。

在长江下游一带，湖泊形成的主要原因也是河流带来的泥沙淤积，不过这里的淤积作用是发生于古代的大海，像著名的西湖、太湖，原来都是海洋的一部分，后因泥沙在海滨堆积起沙洲沙坝，它们就逐渐和海隔绝，沙洲沙坝愈积愈多，成为大片的陆地，它们也就变成了淡水湖。这种填海的作用今天仍然在继续进行，但这种湖泊的形成出现，则不是短时间内所能观察到的。

为什么洞庭湖不再是我国第一大淡水湖了[*]

　　"衔远山,吞长江,浩浩汤汤,横无际涯。"这是北宋政治家范仲淹在《岳阳楼记》一文中对洞庭湖的描写。长时期来,辽阔的洞庭湖一向被认为是我国第一大淡水湖。据抗日战争以前出版的《辞海》中记载,夏秋水涨时面积约5 000平方千米;1941年出版的一本《中国地理基础教程》中,还明确地说我国的湖泊中最大的是洞庭湖呢!

　　然而时过境迁,洞庭湖却不能永远保持我国第一大湖的称号了。新中国成立后,它每年缩小约88.6平方千米。其中有的年份缩小得更多,竟达245平方千米。它的面积在枯水期约有3 100平方千米,而鄱阳湖的面积在枯水期有3 350平方千米;在洪水期,洞庭湖约有3 900多平方千米,鄱阳湖则有5 050平方千米。论湖水的容积,鄱阳湖有363亿立方米,而洞庭湖却比鄱阳湖少9亿立方米。因此目前鄱阳湖是我国第一大淡水湖,洞庭湖降到第二位了。

　　洞庭湖为什么会变小呢?

　　让我们追溯一下洞庭湖的发展历史吧!原来它是我国古代著名的云梦泽的一部分。古代的云梦泽是位于现在的湖南和湖北两省间的一个大湖,据说面积曾经达到4万平方千米。后来由于大量的泥沙在湖中淤积,

---

　　[*]　原载1962年《十万个为什么》。

原来的湖大部分变成了陆地,只留下了许多比较小的湖泊,其中最大的一个就是洞庭湖。洞庭湖形成以后,仍然不能避免和云梦泽同样的遭遇,流到湖里的大量泥沙不断在湖中淤积,它也愈来愈小了。

看了以上的回答,你可能要提出这样一个问题:难道单单只是洞庭湖有这样的遭遇吗?

是的,一般湖泊中都有泥沙淤积的,但是各个湖泊中泥沙的淤积由于所处条件不同而有多有少,有的快,有的慢。

根据20世纪50年代的统计,每年从湖南省各条河流带到洞庭湖里去的泥沙大约有2亿吨,而江西省的各条河流带给鄱阳湖的泥沙却只有1300多万吨。同时,鄱阳湖只有一条狭窄的水道和长江相通,湖里的水在流入长江时,有足够的力量把1200多万吨的泥沙转送给长江,在自己湖内每年只留下100万吨左右泥沙;而洞庭湖和长江有很多水道相通,由湖里出来的水流,不但不能将大量泥沙送入长江,相反,却因长江涨水时要向湖中倒灌,又把长江里的一部分泥沙灌进洞庭湖。因此洞庭湖泥沙淤积的速度比鄱阳湖快得多。就这样,洞庭湖终于把"我国第一大淡水湖"的称号让给了鄱阳湖。

珍惜湖泊的生命*

　　湖泊，是大地面孔上最动人的眼睛。它们有的像清晨的露水一样在草原上闪着光亮，有的像是珍珠隐藏在白云缭绕的山谷里，有的又漫无边际地散布在平原中。

　　但是，湖泊和地球的历史比较起来，它的寿命是很短的。从最远古的地质时代以来，许多湖泊就无声无息地在大地上悄悄出现，又一个接着一个地渐渐变浅、渐渐缩小，最后一步步走向消亡。例如，古代华北平原上的几百个湖泊，从元代以后都逐渐淤塞成了平地，到现在只剩下白洋淀和几个较小的湖泊了。杭州的西湖从诞生到现在，只不过经历了 2 000 多年，这在漫长的地质历史中，仅仅是短短的一瞬。可是到唐代的时候，已经被泥沙淤塞得快要变成平地了，幸好当时赶着挖掘湖泥，才把它的生命挽救下来。没有多久，到了五代和北宋的时候，西湖又两次面临着消亡的命运，都由于及时挖泥，才没有在周围美丽的山峰和园林中消失。

　　为什么一些湖泊的寿命总是这样短呢？要想了解这个问题，就必须知道湖泊的整个生命发展史。

　　湖泊发生在陆地表面的一些闭塞洼地里，这些洼地有的产生在地壳下降或者断开的地方，有的是强大的冰川侵蚀所造成的，有的是为山崩所堵断的一段河谷，有的是老河床，有的甚至是熄灭的火山口。这些各式各样

　　*　原载 1962 年《十万个为什么》。

的低洼地方积了一定体积的水,就成为不同形状、不同大小的湖泊。

在湿润的地区,使湖泊消亡的致命原因是河流带来的泥沙堆积和湖内植物的茂密生长。

大大小小的水流,从奔腾的溪谷里流到平静的湖内,因为水面突然放宽,流速突然减小,水流搬运泥沙的能力也大大削弱了,有些泥沙就在河流进湖的地方迅速堆积下来形成三角洲,并且逐渐扩大着。另一些细小的黏土颗粒,随着水流漂流到湖中心后,也渐渐沉淀到湖底。这样,随着泥沙的堆积,湖泊就越来越浅了。

根据计算,这种泥沙沉积的速度是非常惊人的。有人根据河流带来的泥沙数量计算过瑞士日内瓦湖的命运,他们测量了湖盆的大小和泥沙的数量之后发现:每年四周的河流带到湖里的泥沙有 420 万立方米,这样多的泥沙,只需要再经过 21 000 年,就能够把这容积有 8.9 亿立方米的美丽湖泊完全填满。

在湖水逐渐变浅的同时,水边生长的芦苇,漂浮在水面的睡莲和眼子菜以及完全淹没在水底的各式各样的水藻,也一层层地向湖心迅速地推进。没有多久,湖泊洼地变得又小又浅,几乎长满了植物,那就变成了沼泽,湖泊的生命就结束了。

另外,如果湖泊的湖水输入因河流改道等原因而减少,或者是水分消耗增加了,也会加速湖泊的消亡。

在干燥的地区,湖泊的消亡原因同湿润地区原则上没有什么不同。只是在这里,湖泊消亡得更迅速,许多巨大的湖泊常常因为河流改道或气候变迁,使来水(主要是河流来水)减少,去水(主要是蒸发耗水)增加,使"收支"不平衡。在干燥地区还有一部分风力作用搬来的流沙在湖中淤积。在盐类较多的湖中,还有盐类沉积,这就加快了湖泊逐渐变浅变小的进程,最后水分完全干涸,只剩下一片布满盐魔的洼地。例如青海省柴达木盆地的察尔汗盐池,在古代原是一个很大的湖泊,目前已基本上变成盐滩了。1957年,在张家口北面的内蒙古高原上,许多小湖泊就是由于雨水稀少,全部干涸而消亡了。

湖泊的消亡,不仅减少了水产品的产量,还会使气候变坏,江河的水量得不到调节,增加水旱灾害,这些都给人类带来许多害处。因此,我们应该爱护湖泊,延长它的寿命。

幸福的泉源*

"家家泉水,户户垂杨。"这对济南来说,不是夸张的描写,据调查,全城泉群每日涌出的水量达到三十几万立方米。也就是说,不到一年的时间就能将十三陵水库灌满。

不仅在济南,便是在全国其他许多地方,大大小小的泉也何止万千!

泉和山常常伴随在一起,在山中特别是在山前地区泉源最多。济南就正位于泰山的北缘,而太行山前的邢台、辉县都有"百泉"胜景。

泉水本来藏在地下, 只有当地面被破坏给它打开一条通道时才会涌出,在平原地区覆盖着比较厚的泥沙等堆积物,地势低平,受到破坏较少,地下水没有很多流出来的机会。通常泉源主要分布在河岸等地面被切割的地方。在山区,情况就不同了,地势凸起,成为各种自然力进行破坏的重要目标。破坏的结果造成了许多山谷沟壑。这些山谷沟壑截断含有地下水的岩层时,泉水就流出来了。

地下的岩石有的能透水,有的不能。地下水是储存在透水层中的,由于不透水层阻挡了地下水继续向下运动,泉水常沿着这两种岩层接触的地方流出来。砂岩是良好的透水层,而黏土、页岩和许多火成岩如花岗岩是不透水的。

但是不要以为全是火成岩分布的地区便没有泉,火成岩在凝结的时候

---

*　原载 1960 年 2 月 27 日《人民日报》。

因为收缩常常产生了许多裂罅，这些裂罅能储水也能让泉水沿着它流出来。

由于风、水、阳光等对岩石的破坏，也能造成裂罅，在石灰岩中因它易被溶解，裂罅扩大成了洞穴，储水特别多，从这些洞穴中涌出的泉水也常常很大。济南丰富的泉水就是从石灰岩中来的。著名的黑虎泉就是一个裂隙泉，而趵突、金线、珍珠等名泉则是因为那里的地势下凹到低于地下水面而形成的。据调查，济南一带的地下还有些不透水的火成岩体穿插其间，阻碍着地下水的继续北流，因而使这里的泉源更加旺盛。

在地壳发生运动，使岩层产生断裂错动的时候，地下水往往会沿着断裂面流出，北京玉泉山的泉水就是这样形成的。

由于水往低处流，高山成为供水的地方，因而山中低凹处及山前常多泉源。尽管有些地下水不按水往低处流的规律运动，它藏在被两个不透水层夹着的透水层中间，就像水进了自来水管，这时受着水源压力的影响而运动，形成自流泉，但是仍然需要高山作为供水的水塔。

照上面的情况看来，平原地区也应该有很多泉水的，因为地势最低。问题在于自然力对地面切割得不够，但是如果我们不依靠自然，自己向地下挖下去呢？这时我们能够得到大量的人工的泉水——井水。

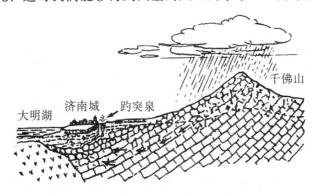

千佛山

大明湖　济南城　趵突泉

　　泉水是良好的饮水，"在山泉水清，出山泉水浊"。刚涌出的泉水是自然界中最干净的水，曾经有人发现，在有的泉水中每1立方厘米只有18个细菌，而同样体积的海水中有多到7万个细菌。这是因为泉水在岩石中作了长途旅行，就像经过无数比沙缸更为严密的滤水器滤过一样。据说我国的泉水以北京的玉泉为最好，因此有"天下第一泉"之称。

开发地下的海洋*

地下隐藏着"海洋",在自然界不是很稀奇的事。科学家认为:隐藏在地下的水,比大陆上所有的河流和湖泊中的水要多几百倍,大约有 40 亿亿立方米。

40 亿亿立方米的水有多少呢? 北京十三陵水库所能容纳的水量也只有 8 200 万立方米。40 亿亿立方米这是多么巨大的水源啊!

假使没有地下水

人类社会的发展,简直可以说离不开地下水。

被人类利用得最普遍的地下水有两种:一种是从地下涌出来的天然泉水,还有一种是井水。

某些考古学家认为,石器时代的人大多居住在河流两岸。人离开了水就没法生活。但是石器时代的人,还不知道利用地下水。

我国发明凿井的技术,可能是在大禹治水的时代。人们知道了取得地下水的方法,才逐渐离开河流,在广阔的平原上生活起来。

后来,城市纷纷建立起来了。许多城市靠在河流边上,也有许多城市

* 原载 1962 年第 7 期《我们爱科学》。

旁边没有大河流，就得靠地下水来解决居民的吃水用水问题，供应工业生产用水的需要。我们首都北京用的主要就是地下水源，玉泉山的泉水就是一个有名的水源。包头钢铁厂也是在找到了一个叫做"富泉"的地下水源以后，才解决了炼铁炼钢的用水问题。

大地为什么没有陷塌

许多人都觉得奇怪，地下既然有这么大的"海洋"，为什么地面并没有陷塌下去呢？

其实，地下的海洋并不像露天的海洋那样波涛汹涌。大地的基础是岩石，地下水就躲藏在岩石、沙砾和土壤当中。

岩石大多是有孔隙的，水会渗到孔隙里去。有些岩石，像砂岩，它的孔隙又多又大，就容易透水。松散的土壤、沙砾，更是便于水的渗透。

但是也有些岩石的孔隙很少，是不透水的，像花岗岩。而黏土的孔隙虽多，但太小了，水也很难渗过去，除非它们产生裂隙，否则是不能透水的。

水在透水层里缓慢地流动，而不透水层却像海洋的底一样，阻止水往下渗。这两个条件结合起来，就形成了贮存地下水的好地方。

在有些地方，透水层和不透水层一层又一层地重叠着，地下的海洋也就分隔成一层一层的。最上面一层的地下水，叫做潜水，它有一个起伏不平的表面叫做潜水面，当打井截过潜水面时就有地下水流出，许多泉水也是出现在沟、谷、洞穴等截过潜水面的地方。因为井、谷等截过了潜水面，就像盛满水的碗被打开了一个缺口一样，水当然要从这里绵绵不断地流出来了。

有些地方，地下水夹在两层不透水的岩石中间，这就像水流进了水管一样，可以流到很远的地方，这样的地下水，水量比较大，也比较稳定。打井时，这样的地下水还常常因为受到水的压力的影响而自动涌出地面，省去汲水的许多工作。能找到这样的地下水,那就很合乎理想了。虽然凿穿上面这层岩石得费不少工夫,但还是非常合算的。

平常我们所说的地下海,其实就是指的藏在透水层里的地下水,所以一般并不会造成地面陷塌的危险。

不过在地底下有很多石灰岩等可溶性岩石的地方,地下水会把石灰岩溶蚀成一个个的洞穴。地下水在洞穴里流动,就像地面上的河流一样。这样的洞穴会慢慢地越来越大,上面的地面就可能陷塌下去。在广西、云南一带,就有过这种现象。

地下的水是哪里来的

地下的水这样多,总是用不完。这些水是从哪里来的呢?

主要的来源,是从地面上渗下去的水。在我国的土地上,下雨下雪,平均每年要降下大约 62 000 多亿立方米的水。这些水,一部分从地面流走了,一部分蒸发到天空去了,另一部分就渗到地底下去了。因此降水多的地区,地下水往往也比较丰富。

沙漠地带很少下雨,但是在不少的沙漠中,地下水也很丰富。在有些国家的沙漠中就发现了一些地下海,它的水量足以使那里的"不毛之地"变成丰饶的农场。这许多水是从哪里来的呢?科学家认为,其中一个重要的来源,是一些河流从别处把水带了来,渗到了沙漠里。

我国西北的大沙漠里也有地下水。由高山上冰雪融化后渗到地里去的水,是沙漠里地下水的一个重要来源。

沙漠里夜晚很冷。人们发现,在沙漠里,空气里的水蒸气在夜晚变凉的时候,会附在沙粒上凝成水滴,渗到地底下去。

地下水有各种各样的来源,因此有一个很大的优点,就是不易枯竭。我国约有 1/3 的地区雨下得比较少,因此积极地开发地下水,是一件非常

063

重要的事。

征服地下的海洋

我们中国人很早就知道利用地下水了。

有一个故事说：在 2 600 多年前的春秋时代，齐桓公率领军队北征，来到一个没有水的地方。他手下有个大臣建议说，只要在有蚂蚁窝的地方打井，一定能找到水，结果果然找到了。这个古老的经验却很合乎科学道理。因为蚂蚁、蛇等都喜欢住在比较潮湿的地方。找到了它们的巢穴，就很可能找到地下水。

在新疆沙漠地带，有一种很巧妙的输送地下水的方法。当地的人打了井，并在地底下修了暗渠，将许多井连通起来，让井里引出来的地下水，通过暗渠流到田里去。因为这里气候炎热干燥，要是让珍贵的水在地面上流，一定会全部蒸发掉的。有了暗渠，就防止了蒸发。这种引水设施叫做"坎儿井"。据说，可能在汉武帝时代（公元前 140—前 87 年），坎儿井在今天陕西一带就开始出现了。

新中国成立以来，我国已经积累了很丰富的利用地下水的经验。全国已对 270 多万平方千米的土地进行了地下水的调查和勘探，许多地下水已被开发出来，并在抗旱斗争中发挥了重要作用。

用机器钻井的方法，大大提高了打井的效率。用抽水机汲水，也节省了许多劳动力。

我国云南的六郎洞有三条地下河流在此汇合，水量巨大，在这里已经建成了我国第一个用地下水来发电的电站。

地下的海洋正在被人们辛勤地开发着。

看不见的雨*

阳春烟雨，一向是入画的景色。雨是可以看见的。然而你知道吗？自然界中还有一种看不见的雨。

我们先来看看，什么是雨呢？雨是空气中的水蒸气凝结后落到地上的水点。空气不仅天上有，地下土壤的孔隙中同样有，这些地下空气里的水蒸气也有凝结成水的时候，我们虽然没有看到地下下雨的现象，但确实有水渗到地下去了。因此，我们称它为隐藏着的雨，也是很恰当的。

空气中的水蒸气是怎样跑到地下去凝结成水的呢？原来土壤中的空气与地上的空气息息相通，随着空气的运动，水蒸气也跟着运动；即使空气不动，空气中的水蒸气也会从气压高的地方向气压低的地方运动，一般的规律是温度愈高气压愈高。夏天气温高，土壤的温度低一些，因此水蒸气多从空中进入地下，冬天的情况则相反。

水蒸气到了地下，有一部分被土壤的颗粒牢牢吸住，这时水就成为分子状态，即极细小的微粒附着在土壤颗粒的表面，它们之间吸力很大，需要加热到 105～110℃ 才能使它们分开。

当土中空气里的水蒸气多到接近饱和时，土壤颗粒表面所能吸附的水分子便多了起来，发展到可以形成一层包住颗粒的薄薄的水膜，而当水蒸气在地下空气中的含量超过了饱和程度时，就要跑出来凝结成水。

---

* 原载 1961 年 6 月 29 日《羊城晚报》。

空气中水蒸气的含量要有多大才达到饱和呢？这随着温度的高低而变化,温度愈高,空气中所能容纳的水蒸气愈多;温度愈低,空气中所能容纳的水蒸气则愈少。

在昼夜之间,由于白天有太阳照射,土中空气的温度高,到了晚上便降低了,有时冷热相差很大,沙漠中有些地区可以相差50℃。因此,这时土中的水蒸气虽然还未达到饱和状态,可是在温度突然降低的情况下便显得过多了,有可能凝结成水,渗入地下。在草原、沙漠和半沙漠地区,以这种方式得到的水,比雨水雪水还多。

空气中总是有水蒸气的,沙漠地区白天气温很高,蒸发强烈,尽管地面缺水,空气中的水并不少。苏联科学家曾经做过一个有趣的试验,他们在一个漏斗状的容器里装满了沙子,表面撒上白粉以便迅速散热,使昼夜间的冷热相差更为悬殊,果然,在夜间从这个容器底部的孔中流出了水!

既然水蒸气可以直接进入地下凝结成水,我们能不能大规模地促进这种变化来改造自然呢？人们曾经设想用强大的动力将空气送进冷凝装置中,从而得到宝贵的水,当然这得消耗巨大的能量,不过在像沙漠那些特别缺水的地方总是日照充足、阳光强烈,有的是丰富的太阳能,因此幻想并非不可能成为事实,这些无形的"雨"说不定要在人和沙漠的战斗中大显身手呢。

会"唱歌"的沙丘*

    1961年夏天,新华社记者从乌鲁木齐寄出了一篇通讯,叙述他们在塔克拉玛干的奇异经历。其中说到一天晚上,他们在一个百米左右高的沙丘顶上宿营,爬上沙丘以后,突然听到了嗡嗡的声音,好像有人在拨弄琴弦,仔细一听,原来是沙子在向下滑动时发出的。于是他们有意掀动许多沙子,让它们滚下坡去,这时就不只是嗡嗡的"琴"声,而是轰轰的巨响,像有飞机在天空盘旋似的。

    这种会"唱歌"的沙丘,在我国别处还有。甘肃敦煌和宁夏中卫附近都有会发出声响的沙丘,人们称它们为"鸣沙山"。国外也有不少这种沙丘,不仅沙漠中有,在海滨、湖畔也有发现。

    这些沙丘为什么会"唱歌"呢?

    有的人推测这是由于沙粒滑动的时候,它们之间的孔隙时大时小,经常变动,空气时而进入这些孔隙,时而又被挤出,因此产生振动而发声。

    也有人认为这是由于沙丘下面存在一个潮湿的沙土层,上面干燥的沙粒的振动波传到潮湿层时,就会引起共鸣,发出声响。沙丘下存在潮湿层是可能的,像敦煌和中卫的鸣沙山脚下都有泉水涌出。但是潮湿层是不是能引起共鸣呢?这还不能肯定。

    有的科学家提出,只要沙漠表面的沙子细而干燥,含有大量石英,被太

---

  * 原载1962年《十万个为什么》第6册。

阳晒得火热后,再受到风吹或有人马在它的上面走动,沙粒产生摩擦就会发声。近年来还有人作了更深入的解释,认为由于石英晶体对压力非常敏感,受到挤压就会产生电,而在电的作用下它又会伸缩振动,并发出声音来。

尽管有了各种各样的解释,但沙丘发声的秘密仍然还没有完全揭开。

沙　漠*

在我国内蒙古、西北一带，分布着广阔的沙漠，总面积约有 109 万平方千米，和全国耕地面积差不多。从全世界来看，大陆的 1/5 是沙漠和半沙漠地区。

这么多沙漠是从哪里来的呢？

在海边、湖岸、河谷，岩石崩碎造成的沙子在岸边铺成了沙滩，随着风的吹扬，沙子被带到岸上堆成一个个沙丘。当很多沙丘连成一片时，就成了沙漠。

风是沙漠的制造者，海边、湖岸、河谷则是沙的供应地。那里地表没有植物生长，风很容易把它们吹走；干涸了的海、河，更是沙砾的大仓库。今天的许多大沙漠，都是干涸了的古代河、海里的沙砾被风力搬运来造成的。一切地表裸露、气候干燥的地方，都是造成沙漠的良好场所。如果人把地面的森林、草原、水利设施破坏了，使土地干旱、裸露，当然也会促成沙漠的出现。

沙漠的形成还与地形有关。沙子在陡峭的山坡上是积存不住的，只有在比较平缓的地方才能广阔地分布，因此沙漠地区多半是高原或盆地。

沙漠形成的过程也是不断扩张的过程。沙漠中的微细尘土被风吹得很高很远，我国华北和西北的黄土就是这种尘土的堆积。较粗的沙子在风

---

* 原载 1959 年 5 月 29 日《工人日报》。

大时扬起，风小时又落下来，形成一个个沙丘，顺着风向缓慢地移动。在内蒙古和陕甘宁一带，一般沙丘每年前进 5 米，快的达 15～20 米。这种流沙的面积在我国约有 27 万平方千米。

沙子被吹走了，留下来的是光秃的石滩和大块的砾石，这就是常说的戈壁。实际上，戈壁并没有沙，但却是沙的补给站。在那里，太阳直接晒着光秃秃的岩石，到了夜晚气温又急剧下降。像玻璃骤冷骤热会炸裂一样，岩石迅速地崩碎了，从大块变成小块，从小块变成沙粒，马上又被风吹走，满足沙漠扩张的需要。

沙丘向前移动，会破坏田园和道路，掩埋房屋和水井；从沙漠里刮来的夹着沙子的旱风，更给庄稼带来严重灾害。因此，人们一提到沙漠，马上就会联想到荒凉、寂寞、贫瘠和饥饿。其实，这是对沙漠非常不全面的了解。只要有水，沙漠就能变成肥沃的绿洲、生命喧嚣的世界。

水，在沙漠中是可以得到的。我们可以开运河、修水渠把别处的水引来；可以加速高山冰雪的融化，用水库将其储备起来使用；在沙漠的地下，还可能找到丰富的地下水源。

有了水，植物就能生长，沙就不那么容易甚至不能再流动了；植物又会反过来保护地下的水分，使它不致很快蒸发，使雨水不致很快流走。有些植物有很强的抗旱能力，即使还没有充足的水源，也能大量培植起来。

新中国成立后，我国西北、内蒙古一带，大量地进行造林植草，引水灌溉，改造了很多沙漠。现在更大规模的治沙工作正在进行。

雪山草地的秘密[*]

雪山巍峨,草地茫茫,这是红军长征途中自然条件最艰苦的地方。

那在阳光下闪耀着银光的雪山、那笼罩着浓雾的草地,为什么会在大地上出现? 为什么会给我们造成困难?

是地壳的运动造成了高山。来自地球内部的强大力量使地壳好像揉皱了似地隆起凹下,形成了重重的山峦,山愈高愈冷,高到一定程度竟能终年积雪,整个山顶变得素裹银装。这就是雪山。

为什么山高天气就特别寒冷? 这是因为高山不如平地保暖。平地上空气稠密,而且含有较多的水汽和尘埃,它们像盖在地球身上的棉被,不让地面的热向宇宙太空中散失。

愈是高处空气愈稀薄,所含水汽、尘埃也愈少,整个大气层的质量约有90%集中在高度十几千米以内这一层,在这一层中也是愈靠近地面空气愈稠密,绝大部分水汽更是集中在高度只有二三千米左右的低层。

高山像一只锥子,刺破了盖在地球身上的棉被。在这里虽然少有空气、水汽等的阻拦,阳光照射强烈,但是地面的热散失也很方便。收支相比,往往散失的热更多,以致别处的热也移到这里溜走。据计算,平均每升高 100 米,气温要降低 0.5~0.6℃。如果把全世界的高山都削平,由于漏洞的消失,地球上的气温将普遍升高 0.7℃。

---

* 原载 1951 年 10 月 7 日《解放军报》。

使高山成为雪山的因素不仅仅是高度，愈是靠近赤道，山顶就愈不易降雪，愈是靠近两极，较低的山地也可以成为雪山。同一座山，背阴面和向阳面也有差别。当然，要有雪还得有水汽来凝结，不过这是不成问题的。因为气流多夹带着水汽，高山阻挡气流的前进，气流就被迫沿山坡上升，愈升愈高愈冷，水汽便会凝结，山顶不愁没有雪的来源了。

寒冷的气候和积雪，增加了行军的困难，积雪形成的峭壁巉岩有突然崩塌的危险。由于山顶山麓冷热相差很大和气流的运行受到高山阻滞，这里的天气多变，风雹等时来袭击。高山带给我们的还有个很大的困难，这就是氧气缺少、气压降低，人体难以适应。

现在让我们来看看草地，这是什么样的草地啊！这不是那风吹草低见牛羊的草原，尽管表面看起来好像长满了草的土地，但草底下并不是坚实的泥土，而是淤积着烂臭的黑色的水，充填着松软的腐草烂叶，许多地方踩上去就会陷没，这是长满了水草的沼泽。在这沼泽地带，喜欢潮湿的植物在大量生长、死亡，越积越多，新生的植物就长在死亡的植物上面。这些植物不断繁殖，会使沼泽的面积逐日扩大。因为死亡的植物在洼地里填充，能将水分向四面排挤溢出，许多喜欢潮湿的植物吸水能力较强，能使地下水的水面升高，在沼泽周围本来长满陆生植物的地带，便有可能逐渐变得过分潮湿，陆生植物被喜欢潮湿的植物所代替，终于成为沼泽的一部分。

沼泽潮湿，气温又低，是疾病蔓延的温床，它几乎不会生长任何可吃的东西，在行军的时候得步步小心，注意寻找那种草根较密的地方，一个跟着一个艰难地前进。

但是雪山、草地终于被英勇的红军战士走过来了。现在雪山、草地已完全处在我们的掌握之中，我们不仅能克服它们给我们制造的困难，而且还将开发利用它们的财富。雪山有许多矿产、珍禽奇兽和名贵药材；沼泽有大量的泥炭以及不少可以作为工业原料的水生植物。红军走过的雪山、草地，必将变为人民的资源。

冻土奇观*

1958 年，登山队的英雄们在祁连山冰川外围的土地上，发现了成片的石块在地面上排列成一些非常规则的几何图形，大大小小、各种各样的石头紧紧挤在一起。有的摆成一个个多边形的空心石环；有的是一些细小的像花瓣样的碎石，围绕着一块巨大的石块，拼成了像玫瑰花般美丽的图案。

这是怎么一回事呢？难道这是原始人类铺砌的神秘的符咒？还是古代建筑师遗留下来的没有完工的作业呢？

不，都不是这样。这只是大自然的又一件作品而已。这些奇妙的图案仿佛是一个猜不透的谜，年复一年地在这荒凉的山野里，考试着每一个前来拜访的人。

原来，这里是一个含水丰富、夹着石块的冻土地带。由于石块和石块下边的土以及没有石块的地方，随着冷暖气候的变化，结冻和解冻的情况都不同，在多年的季节气候冷暖变迁过程中，反复的结冻和解冻使石块有规律地移动位置，因而排列成了图案。

---

* 原载 1962 年《十万个为什么》。

什么是冻土,它又是怎样形成的呢?

冻土包括上下两层:上面是冬季结冻、夏季融化的活动层;下面是长年结冻的永冻层。当冬季冻结的深度大于夏季融化的深度时,冻土层就能常年存在,形成多年冻土。如土层的散热量长期大于吸热量,冻土层继续向深处发展,不断变厚、扩大。假如土层吸热量大于放热量,冻土层又会不断退化变薄,以至消失。它广泛分布在高纬度及高山地区,占世界陆地总面积的20%以上。我国多年冻土分布面积约达250万平方千米,主要分布在青藏高原和西北高山地区,大多连续成片;东北、内蒙古的冻土则呈"岛"状分布。

土层的冻结与融化,不仅会改变土质的结构,使土层体积发生变化,而且会发生水分转移,容易引起道路翻浆、建筑变形、边坡滑塌等一系列现象。在冻土区进行建设,必须注意到这些影响,在事先作好调查研究,采取预防措施,以避免损失。

冰川的消长*

我国唐代诗人杜甫有过"窗含西岭千秋雪"的名句,而在我国西部一些高山上,积雪不化,又何止千年!

说是积雪不化,其实并不确切。因为高山上的冰雪在一年中气温转暖的时候,总会有一部分融化成水,向山下奔流,只是,随即又有新的雪降落到山上,作了补充,所以看起来仍是皑皑雪峰。

并不是任何高山上都有积雪,它需要高山达到一定的高度。这个高度称为雪线。

并不是雪线以上任何地方都可以积雪,通常是那种下凹的山窝才宜于雪的大量聚集。雪在里面愈积愈多,产生了压力;使它们紧密结合在一起,变成冰粒,从小到大,形成淡蓝色的透明的冰块。这种冰比直接由水冻结而成的冰要轻一点。

当冰窝里的冰雪聚集得很多时,就会从缺口里流出成为冰川。

冰是固体,怎么会流动呢?

原来,冰在强大压力的长期作用下,会变得具有一定的塑性,能够沿着山坡缓慢地下滑,像一条长长的舌头,这就是冰川。当它滑到雪线以下后,就会开始融化。不过并非一下子就化完了,还可以滑行一段距离,但终究是有限度的,不能像水流得那样远,流动的速度也很缓慢,一般一年不过向

---

* 原载 1979 年《地球的画像》。

前移动几十至几百米。但冰川对地面的刨刮作用却是很强的,常造成深而宽的U形谷。这种谷不同于一般的山谷。

冰川是在经常变化的,它的活动受其所在地理位置以及整个地球冷暖变化的影响。

在两极,气温很低,平地也终年结冰。今天全世界的冰川掩盖着的1560万平方千米的面积中,有99%分布在两极地区。愈是靠近赤道,雪线的高度就愈高,只是在很高的山顶上才有冰雪——这是今天的情况。当整个地球气候比现在冷的时候,像我国北京附近的西山、江西的庐山、安徽的黄山,都曾有过冰川悬布。而当地球气候比现在暖的时候,南极大陆也曾经是植物繁茂、没有冰雪覆盖的地方。

在距今约二三百万年以来,地球上至少5次出现过冰川广布的情况。最广时,冰川覆盖的面积比今天要大3倍多;其间也有气候较暖,冰川规模缩小的时候,但总起来看,是地球的一个寒冷时期,称为第四纪大冰期。目前,正处于这个大冰期的后期。最近一次冰川广布的情况是在1万多年前结束的。此后,气候总的来说在逐渐变暖,冰川逐渐消融,规模变小,这种变化在最近时期还在进行。观测的结果告诉我们,阿尔卑斯山上的冰川在1876—1934年间面积减少了15%,较大的冰川缩短了1~3.5千米。喜马拉雅山上的绒布冰川,冰舌中部近百年来减薄了约50米。但也不是直线下

降,仍有时冷时热的变化。不过,从长时期来看,总的趋势是变暖了。所以,许多原来存在冰川的山上,现在已看不到冰雪了,我们只能从冰川造成的特殊地形、在山崖上留下的擦痕以及冰川消融后残留的特殊堆积物等遗迹,得知这里有过冰川活动。

像这种出现大规模冰川活

动，地球气温显著降低的大冰期，在地球历史上已发现过 4 次，除了最近这个时期外，在 6 亿～7 亿年前、3.5 亿～4.5 亿年前、2 亿～3 亿年前都曾经发生过。

为什么会有冰期出现呢？原因很多，比如地轴位置的变化，使地球接受太阳辐射来的热量减少，火山活动规模的扩大，喷出的火山灰尘进入大气，阻挡了阳光；地壳强烈运动，造成众多很高的山，等等。此外，还有人设想，是由于太阳系运动使地球进入到存在较多的宇宙尘埃的空间中，这些尘埃减少了太阳辐射来的热量造成的。但到目前还没有确定的解释，这是一个正在探索的问题。至于今天地球上所发生的气候变化，和地质历史上的冷暖变化比起来是极其微小的，在一个短时期内，还很难确定其趋势，需要我们很好地进行研究。

海洋在召唤*

海，是辽阔的。

地球的表面大约有 71% 是海洋，它的面积达到 3.6 亿平方千米。

海洋的最深处是太平洋中的马利亚纳海沟，如果把珠穆朗玛峰搬到这个海沟里，峰顶离海面还有 2 000 米，据新近测出的结果，这里深达 11 034 米。地球上的海洋大部分很深，深度超过 2 440 米的深海和海沟占去了海洋总面积的 3/4 以上；靠近大陆，海底地势比较平缓，深度在 200 米以内的浅海只占将近 8% 的面积；在浅海和深海之间，海底是比较陡的斜坡。整个海洋中的水约有 13.7 亿立方千米，要知道仅仅 1 立方千米的水就足以灌满十几个十三陵水库，可以想见，海洋是多么广阔而深邃的水的世界，在这里贮藏着地球上的 4/5 的水，也贮藏着无穷的财富。多少年以来，我国人民就流传着其中有珠玉充盈、金碧辉煌的"龙宫"这种神话，其实海洋里财富之多，是最夸张的神话也难以表现的。海洋是一个等待我们开发的巨大宝库。

生命的世界

没有水就没有生命，最初的生命就是在海洋里发生的。直到现在，海

---

* 原载 1960 年 6 月 1 日《新观察》。

洋仍然是生命最旺盛的地方,海中生存的动物超过 15 万种,而植物方面仅藻类就在 10 万种以上。

海洋中,适于生命存在的空间是巨大的,比陆地和淡水所有的生活空间要大 300 倍,而且环境往往比陆地上许多地区更有利于生物的繁殖。陆地上最热的地方可以热到 58℃,在南极,前苏联科学站则测得了 -81.2℃ 的最冷纪录,但是在海里不太冷也不太热,赤道上的海水也很少有水温超过 30℃ 的时候。两极尽管终年冰封,可是冰下的水温仍然只不过接近 0℃,因为冰比冷水轻,浮在海面掩盖了海水,使海水的热不致继续大量散失,所以两极虽冷,却没有一直冻结到底,冰下仍然是一个生命喧嚣的世界。

海洋中的冷热为什么相差不很悬殊呢?这是因为冷热海水会对流,同时海水吸收和容纳热量的能力都比陆地强得多,裸露的地面会把太阳射来的热反射掉 10% ~ 20%,而海洋只反射掉 3%;1 立方米海水所能容纳的热量比 1 立方米花岗岩所能容纳的要大 5 倍,比 1 立方米空气大 3 000 多倍,因此气温易变。而要使海水水温升降 1℃ 也是不容易的,表层的海水冷暖还受着气温变化的影响,到了一两千米深处,温度便相当稳定,而世界各处的深海海底的水,一般总是维持在 0℃ 左右。

生物生长所需的氧、二氧化碳等都有许多被溶解在海水里。

这样说来,真是"海阔凭鱼跃"了。

不,大海虽然辽阔,鱼儿的活动却并非绝对自由,海洋中各处的情况是不一样的,相应地生存着不同的生物,它们各守疆界,不能越出一定的范围。

热带的表层海水毕竟要比两极来得温暖,热带鱼不可能在北冰洋出现,而世界各处海水的咸淡也是不尽相同的,适应着不同生物的生存。从海面到海底,情况变化就更大,阳光射进海水后,按照红橙黄绿青蓝紫的顺序,各色光线先后被海水吸收了,在几十米的深处已被吸收了大部分,到 1 000 米深处只有微弱的蓝光,而在 1 700 米以下,就没有任何光线存在了。

愈是深入海下,压力也愈大,每深 10 米,压强就要增加 100 千帕。在 100 多米深处,人们只能在坚固的潜水衣保护下才能活动,而在 1 万米的深处需要用最坚韧的铬钼钢制成比巡洋舰铁甲还厚的钢壳，才能抵抗住那里沉重的压力。

没有光线，就没有植物生存的可能，没有植物，动物就没有食料，压力又是如此之大，在深海里有没有生命呢？以往的答案是没有。

但科学家探测的结果表明，深海里也有许多鱼类和其他生物，它们互相残杀，或吞食从上层掉下来的生物尸体维持生存，它们的骨骼、肌肉都不发达，海水可以渗入它们的体内，这样使得身体内部压力和外来压力相等，得以生存下去。

但是生命最旺盛的场所还是在阳光充足、水温较高的浅海。我国的浅海面积达到40多万平方千米，占世界第一位，这里是发展渔业和其他水产事业的良好场所。

许多海洋生物可以直接作为我们的食料，也有许多能用来饲养牲畜家禽。有人认为，海洋中所能提供的肉类比陆地所能提供的，数量要多许多倍。除了吃，海洋生物还是重要的工业原料和农业用的肥料，它们的内脏常可以制造名贵的药物，油脂常是高级润滑油的原料，鱼鳞可以炼胶，看来"无用"的虾皮、蟹壳也能制成一种不易腐蚀、不怕热不怕水也不怕虫蛀的物质，在工业上有许多用途。海洋生物中还可以提炼碘、钾盐、稀有元素等多种有用的东西，真个是浑身上下无废物。

宝藏的集合

水产品只是海洋中的一宝，"万川归大海"，地球上许多宝藏每时每刻都随着流水向海洋里集合。

每年，全世界的河流把大约160亿立方米的碎屑物质，和溶解在水中的大约30亿吨盐分带到海里，地球上本来分散在各处的元素都到这里来集合了。

靠近大陆的浅海是沉积物堆得最多的地方，同时因为浅海中生物繁盛，海底堆积的生物尸体也就特别多，这些东西以及从海水中沉淀出来的本来溶解在水中的盐分，都是形成矿产的原料，许多矿产就是在地球历史上的浅海中形成的。我们不难想到，在今天的海洋底下，也应该有丰富的矿产。

　　早在18世纪末，人们就在里海中发现了石油的踪迹，到现在，许多地方的海底石油都已开采，有人认为，海底石油的蕴藏量约占全世界石油总储量的一半，这是多么值得注意的宝藏！

　　不仅海底有矿，其实海水本身就是重要的矿产。在海洋中，水分不断蒸发，河水从地球各处带去的盐分则留了下来，浓度不断增加，目前全世界的海水中，平均每1 000千克海水含有35千克盐分，有些蒸发量很大的地方如我国海南岛莺歌海附近，海水的含盐量还要高。

　　可以相信，在未来，许多元素都能从海水中提取，到那时，海水无疑将成为更加重要的矿产资源，而且它比埋在地下的矿藏开采起来容易得多。

无穷的力量

　　海洋不仅有丰富的水产品和矿产品，它还像一个不知疲倦的巨人，一刻也不停止运动，产生无穷的力量。

　　最常见的海水运动是波浪，这是风引起的，风疾浪高，在大洋中，曾经观测到当风速为每秒30米时，浪高达14米多，两个波峰之间的距离可至300多米。

　　巨大的波浪的力量是强大的，在岸边，它拍打着那峭壁悬崖，使它在每平方米面积上受到数千千克的冲击力量。大洋中水域广阔，形成的波浪更大，力量也更大，在从前，它是航海者的危险的敌人。

海洋中另一种巨大的力量是潮汐，这是由于月球、太阳的引力和地球的自转造成的，是海水涨落的升降运动。在这涨落时拥有的能量是惊人的，有人估计为400亿千瓦，有人估计的数字比这还要大得多，而全世界陆地上所有的水力资源一共也不过三十几亿千瓦。

海水还会因风总是朝一定方向吹和各处海水冷热轻重不同而发生流动，形成巨大的海流。海流有的暖有的冷，在海洋中作长途的旅行，调节着气候，影响着航行和渔业，在寒暖交界的地方，鱼类最易繁殖。

海水的这些运动，很多得力于太阳，因为太阳射来的热使气温、水温变化，促成了种种运动。

海水本身也蕴藏着巨大的能等待解放，这就是海水中含有较多的重水。从重水中可以提取热核反应的原料——氢的同位素，据计算，400吨重水所具有的能量就抵得上10亿吨煤和石油，海洋中的重水简直是取用不尽的能源。

在海洋里，蕴藏着无穷的力量。

海洋的资源如此巨大，我们对它的利用却刚刚开始，全世界每年从海中取得的水产品不过几千万吨，仅仅是极小的一部分；海洋的巨大动力也未充分利用，对于深海，我们了解得更少。巨大的宝库等待我们去开发。从前也有人想到利用海洋，因此产生了孙悟空龙宫得宝的神话，我们正在有意识地改造海洋。在我们优越的社会制度下，通过集体的力量，我们一定能把海洋的宝藏充分利用起来，甚至在海底建立起像城市一样的真"龙宫"。

海洋在召唤我们。向海洋勇敢地进军吧！

芬地湾寻潮*

说到自然之趣，近水楼台，这圣约翰旁边的芬地湾，便是天下一奇。几乎所有的百科全书中都有它的介绍：芬地湾的潮汐，高度为世界第一，最高有超过 16 米的记录；潮流的规模也很大，高潮时拥有的水量，几乎与全球河流一天的流量相当。

手头没带资料，凭记忆所及，著名的钱塘江潮，最高似乎只 8 米左右，也许记得不确切，总之比这芬地湾的高潮要低。但我在此前已几临芬地湾，9 月 13 日上午还专程在高潮到来之前赶到圣约翰河入海口附近观看，都未见到有钱塘江潮那种翻江倒海之势。

当然，芬地湾的潮水并不是任何时候在任何地方都能涨得那样高。在圣约翰河口，根据预报，9 月 13 日上午的高潮可达 7.2 米，这也和钱塘江潮的高度相近了，而高潮来到时，却仅如一堵不高的水墙在向大陆这边平缓地推进，并不壮观。

原来这芬地湾的潮汐固然巨大，但芬地湾的面积广达 18 万平方千米，深度多在 200 米以上，容量也很大，而且是形如靴筒，沿岸港湾曲折众多，其中不少是河流的入海口，潮水可以倒灌进去。这种形势使它分散力量，失去了集中一处猛然壅高的条件，一般是逐渐涨起，1 小时上升几十厘米至几米。上升的速度和达到的高度因各处的地理条件不同而表现不一，东

* 原载 1993 年 11 月 28 日《科技日报》。

083

端岔流部位涨得最高。

芬地湾潮汐之大，是靠科学的测量而得知的，并非靠表面之气势汹汹。

大就是大，不表现为翻江倒海，在别的方面仍会有诸多表现，像这圣约翰河口的"倒转瀑布"就是一处。

称为倒转瀑布，是因它本为圣约翰河在此跌落入海而形成的瀑布，但在高潮到来时，却会因海水倒灌，河口水面壅高而反向倒流。说起来道理很简单，但世界上具备这种条件的地方，现在还只知道有圣约翰这一处。

圣约翰河入海处的河岸，是坚固的大理岩层构成的，还有岩浆穿插凝结其中，抵抗风化和河水侵蚀的性能较强，因而这岩层所在之处地势高峻，有点像一条大堤防护在海边，河流破"堤"而出。穿过"大堤"的这一段河道，也因这里的岩石坚固，不易被流水拓开而相对狭窄，并保持了较高的高度，这就有了河水跌落入海的形势，平时落差约有 5 米，高潮的到来足以盖住它，但也有限。这时出现的倒转瀑布近似险滩急流，并不那么雄伟，不过，居高临下的瀑布能颠倒过来，毕竟是世所稀有的现象。

从圣约翰向东行约 150 千米，在被称为"好望角"的海滨，矗立着一组上粗下细的巨石。下部细是涨潮时受到海浪冲蚀的结果，而粗细之间的分明界限，正好表明了潮水到达的高度。低潮时人们可以穿行其间，欣赏这大自然的奇工，高潮时就只能站在高处眺望了。芬地湾潮汐的宏大，以这些巨石为标志，在这里清楚地显现出来了。它被辟为新不伦瑞克省立"岩石公园"，公园入口处有标牌说明：此处涨潮的最高纪录是 14.7 米。

在芬地湾沿海一带，潮汐的高度都是不低的，只要有合适的地理环境，涨潮时就颇有景致可观。像离海已有 30 多千米远的蒙克顿市中心，也辟有一个供人们观潮的公园。流经这里的河流与芬地湾相通，而且是下游开阔的河道上溯至此收紧，故虽远离海岸，高潮来时仍较这一带别的地方好看。所以芬地湾的潮虽不似钱塘江之潮来得壮观，内容却相当丰富，它需要沿着观潮的旅游路线去寻索。

临近中秋，想到秋潮，是为记。

钱塘潮为什么特别有名[*]

我国钱塘江口的海潮，汹涌澎湃，气势雄伟，特别在中秋节后两三天，最为壮观，潮头高达 3~5 米，每秒钟推进的速度达到近 10 米，带来海水 10 万～20 万吨，同时发出巨大的声响，犹如千军万马在奔腾。宋代文学家苏东坡曾为它写下了这样的诗句：八月十八潮，壮观天下无。

涨潮和落潮是海边一种普遍的自然现象。在夏历望日（即十五日）后两三天，世界各地的潮水，普遍都比平时高涨。涨落潮的产生是受月球、太阳的引力和地球自转的影响，当地球、太阳、月球正好在一条直线上时，太阳和月球的引力合在一起，力量特别强大。中秋节正值夏历的八月十五日，这时，它们的位置连起来恰恰接近直线，所以秋潮较大是个一般现象。不过像钱塘江口这样的大潮，在世界上却很少见。

为什么钱塘潮会特别汹涌、巨大呢？

---

* 原载 1962 年《十万个为什么》。

　　钱塘江河口外宽内狭,形似喇叭。在杭州湾湾口(王盘洋)处宽达100千米左右,可是在海宁盐官镇附近的江面,大约只有几千米。当由外海来的大量潮水涌进狭窄的河道时,湾内水面就会迅速地壅高,钱塘江流出的河水受到阻挡,难于外泄,反过来又促进水位增高。另一方面,当潮水进入钱塘江时,横亘在江口的一条沙坎,使潮水前进的速度突然减慢,后面的潮水又迅速涌上来,形成后浪推前浪,潮头也就愈来愈高。

　　另外,在浙江沿海一带,夏秋之间常刮东南风,风向与潮水涌进的方向大体上一致,也助长了它的声势。

　　许多有利于涨潮的因素,都集中在钱塘江口,特别是秋天,因此那里的秋潮成了世界上少见的奇景。

珊瑚岛[*]

我国古老的传说中，有许多关于海中仙岛的故事，据说那里到处是琼花玉树、瑶池璇宫。

仙岛是不存在的，但是在波涛汹涌、无边无际的大海中，确实有些五色缤纷、绚烂多彩的岛屿——珊瑚岛。

珊瑚岛，多么富于诗意的名字。珊瑚是和珠玉并列的珍宝，用珊瑚制成的特种工艺品，被陈列在华贵的橱窗中，然而在那里整个岛竟都是珊瑚造成的！

我国南海中的岛屿大多是珊瑚岛，西沙群岛就是其中最著名的。世界上其他地区的珊瑚岛也很多，印度洋中的马尔代夫群岛，就是 12 000 多个珊瑚岛和珊瑚礁组成的。在澳洲东北的海滨，珊瑚礁绵延 2 000 多千米。

当你知道如此众多的岛屿竟是一种微小的珊瑚虫在风浪袭击下造成的，不能不感到惊奇。

在北京故宫中可以看到一些作为珍品陈列的珊瑚树，这是珊瑚虫用自己分泌出来的石灰质建造的"公寓"。珊瑚树上有许多小孔，每个小孔都曾经住过一只珊瑚虫，它们总是群居在一起，造成的"公寓"多为灌木状，但是也有其他形状的。每当生出一只新的珊瑚虫，它们就会造出一个新的房间，于是随着珊瑚虫的繁衍，珊瑚树也就像树木一样长高、分枝。不过高度

087

---

[*] 原载 1959 年 12 月 2 日《人民日报》。

不会超出水面，因为珊瑚虫只能在水中生存，到接近水面时树枝就不再向上长而是像蘑菇一样四面铺开。万丈高楼平地起，珊瑚虫的"公寓"是固定在海底上的，因而珊瑚虫也不能随便移动，只好从自己的房间里伸出几根触须来等待自投罗网的食物。这种"守株待兔"的猎食方法，你也许觉得太笨，担心它会挨饿吧。但是不必过虑，因为它们是"有饭大家吃"。在一个珊瑚虫集体中，所有的珊瑚虫都被一根管子连接起来，任何一只珊瑚虫捕获了食物消化后，马上通过这根管子与大家同享食物的养料。一只珊瑚虫捕获食物的机会少，成千上万只珊瑚虫的合作保证了大家都有足够的食物。

珊瑚虫虽然是定居的，但是在发育到一定程度后便停止生殖新的珊瑚虫而变为产卵。卵被海水带到别的地方发育生长，建造起新的"公寓"，使海中形成了密密的珊瑚"森林"。"森林"的空隙中成为其他许多海生动物栖息之所。

随着岁月的消逝，珊瑚虫不断死去，但"公寓"仍在。那些"森林"中的"居民"也在不断死亡，留下了它们的石灰质硬壳去填充密林中的空隙。不断新生的珊瑚虫分泌出石灰质把这些东西胶结起来，逐渐形成结实的礁石、岛屿。

风浪极力破坏珊瑚虫的工作，它把许多珊瑚打碎。但这并未能阻止造礁工作的进行，顽强生长的珊瑚虫不断地补偿了海浪造成的破坏，而那些碎了的珊瑚也正好用来填充"森林"中的空隙。

珊瑚和那些海生动物的石灰质硬壳，经过海水的溶解又重新产生沉淀作用，还能在珊瑚礁中造成真正的石灰岩，地球上有许多石灰岩是这样造成的。这种微小生物孜孜不息的劳作，带来了巨大的成果。

不过珊瑚虫也有它的"娇气"，它怕冷、怕黑暗、怕浑浊的海水，因此一般只能在温度不低于20℃、深度不超过80米的清澈海水中生存。海水中的盐分还不能过多或过少，含盐量最好在27%左右；同时还要求有一个石质的海底作为它们的"公寓"的基础。因此珊瑚礁多在大陆的海滨和大洋中岛屿的周围建造起来，而且主要分布在北纬30°和南纬30°之间。在大洋中,当珊瑚作为靠山的岛屿因地壳发生运动而逐渐沉没后,珊瑚礁却因珊瑚虫的不断生长而继续向上发育,造成了环形的珊瑚岛,岛的中央是海水,许多珊瑚岛都是这种形态。如果海底上升,当然更要形成珊瑚岛了,我国的西沙群岛就是这样形成的,其中的石岛已高出水面12米多。

　　珊瑚岛不仅使海上的景色更加美丽,而且有许多珍奇的海洋生物可供利用。西沙群岛上更有许多优良的鸟粪肥料,成为真正的宝岛。

海底的发现*

　　滔滔江水，不断流入大海。古代的人们曾经设想，在浩瀚的海洋下有一个无底的深渊，所以水流进去总是装不满。现在我们知道，海是有底的，装不满是因为海水在不断蒸发。

　　可是海底下是什么样子呢？多少个世纪过去了，人们也没有了解清楚。因为海是那样深，探测起来不容易，近年来才取得了较快的进展。人们找到了使用声波、地震波等近代技术对海底进行探测的方法，造出了可以深入海底直接观察的潜水设备，展开了对海底的磁性、重力和地质的研究，大大加深了对海底的认识。

　　人们发现，海底存在着许多复杂的情况，而且很显著的差异把海底区别为两种类型：一类海底的构造与大陆基本一致，实际上它就是大陆的一部分，现在暂时被海水淹没，这里的海水比较浅，因此每当海水有所涨落或地壳有所升降时，就容易时而成海，时而成陆。我们观察到的沧海桑田的变迁就发生在这一带。它位于大陆的边缘，从海岸向海中缓和地倾斜，海底很平坦，我们常说的大陆架就是指的这部分海底。大陆架的边界在平坦的海底倾斜延伸到某个深度突然转折、坡度陡增的地方，转折后形成的大斜坡被称为大陆坡。另一类海底的地质构造与大陆（包括大陆架，下同）截然不同，其分界线在大陆坡的下部，这种海底可以说才是真正的海底。到

---

　　* 原载 1979 年《地球的画像》。

现在为止，它没有大陆架那种沧海桑田多次变迁的记录。这里的地壳和大陆那部分地壳有显著的差异；这里的海水比较深，常有几千米，它的面积也比较大，接近海洋总面积的80%。

在深海底没有发现沧海桑田变迁的记录，难道它总是那样没有变化吗？不是，它时刻都在变化，而且变化还大着哩！可以说比大陆边缘的那些沧桑变迁要大得多。现在我们已经观察到那里有些地带在急剧地下沉，另一些地带则在迅速上升。大洋中的许多很深的海沟，就是下沉的表现，而一些海底的山岭则是上升的产物。下沉的幅度是这样大，不少海沟已深达6 000米以上，甚至万米以上的也有，上升的速度也不慢，1973年在太平洋中部的海底山岭上，测到了一年上升12厘米的速度。一些人认为这种现象反映了海底在不断消亡和不断新生的变化。

海底上升和下沉的运动是怎样的呢？地质工作者的考察表明，上升是地球内部的物质运动带动了地球的岩石圈，这些物质沿岩石圈中的某些裂缝上升，在地壳中形成新的海底，开始不大，以后由于地球内部的物质不断涌来，便把岩石圈中的裂隙撑开，海底也就不断扩张加大，于是形成了新的浩瀚的海洋。地球内部的物质一面在上升，同时在另一些地带则在向下运动，并带动那里的海底向大陆底下俯冲，大陆包括大陆架是不向下俯冲的，因为这里的岩石比较轻，像冰山浮在水上似的，它总是浮在上面。海底则俯冲下去了，逐渐和地球内部的物质混在一起分不出来了，老的海底便消亡了。

现代的科学考察查明，大陆上最古老的岩石有30多亿年的年龄，而那些真正的海底的年龄还没有超过2亿年的，显然这些海底是后来形成的，它们在不断消亡和不断新生的设想是有根据的。

我们还从地震研究中得知，在这些海底和大陆之间，确实存在很深的裂缝，深度达到好几百千米，这些裂缝还总是朝着大陆方向倾斜，正好和海底向下俯冲的方向符合，沿裂缝一带，至今地震和火山活动频繁而剧烈。在海底还发现许多高原和山脉，比大陆上的规模还大，而这些高原和山脉竟是由火山喷出的熔岩构成的。可以想见,某些时候海底的火山活动是多么剧烈。

当然,在海底也有相对比较稳定的地区,它们常表现为海底的盆地,那里地势比较平缓,一般也很少有地震和火山活动。但绝对的稳定是不存在的,整个海底都在变化,只是不同地带表现有所不同而已。

总的看来,海底的变化确实要超过大陆上的沧桑变迁,并且必然地要影响到大陆。现在有些人认为,由于海底扩张,原来相连的大陆可以裂开,变成隔海相望,由于海底逐渐消亡,大洋可以缩小以至闭合,原来隔海相望的大陆又可以拼合成一个整块。这些看法当然还有许多不完善的地方,因为长期以来,我们对地球的调查研究主要是大陆这部分,而对占去了地球大部分面积的海洋底下的情况了解得很少,现在对海底的探索也可以说还仅仅是开始。相信在经过更多的调查研究以后,我们一定能把对海底和地球的认识提高到一个新的水平。

矿找得完吗*

矿找得完吗？在回答这个问题之前,需要先弄清楚一个问题:什么是矿?

我们通常所说的矿,是指那些聚集在一起、可以被人们开发利用的矿物和岩石。比如许多岩石中都含有铁,但只有含铁较多,才能成为具有工业价值的铁矿石。

因此,矿的价值不是由它的本身决定的,而是为人的劳动所创造。可以设想,在人还不知道冶炼铁矿石的时候,铁矿并没有什么价值。而当生产技术不断革新以后,可以利用的矿产就愈来愈多了。在原子能的秘密未被揭开以前,铀矿是一种极不重要的矿产,找矿的时候人们往往不注意它。可是在利用铀的分裂得到原子能以后,铀矿就一跃而成为头等重要的矿产了。人们在已经调查过的地区重新找寻被忽略的铀矿,哪怕产量不多的铀矿也受到了重视。又如铝矾土这种矿产,在铝的提炼方法没有改进以前,是没有多大用处的。那时铝是非常昂贵和极其稀少的金属,拿破仑三世有一顶铝制的帽子便骄傲得不得了,可是今天铝制的器皿到处可见,而铝矾土也就变成重要的矿产了。

每当技术上有所革新的时候,地球上总要多出现些矿产。据苏联科学家萨乌可夫的设想,将来每一块岩石都是矿石。因为在 1 立方千米的岩石中就含有铁 13 000 万吨、铝 23 000 万吨、铜 26 万吨、铀 7 000 吨、金 13 吨……

---

* 原载 1958 年 8 月 27 日《人民日报》。

人的创造力是无穷的,矿产的范围也正在随着人类的劳动一天天地扩大,从这种意义上说,矿是找不完的。

另一方面,目前我们对地球上立刻就可以利用的矿产也还调查得不够,我们在许多地方的活动还受到自然条件的限制。

地球上约有71%的面积是海洋,对海洋底下情况的了解,甚至还比不上对月球表面的了解。海洋里有什么矿产呢?人们还知道得不多。

对大陆也不是了解得很够的。约有1/5的大陆是沙漠,约有1/10的大陆终年覆盖着冰雪,这些地方的地下资源情况,人们大都了解得不够。即使不是沙漠,也不是冰雪覆盖的地方,也还有许多未经调查的空白点。

要是从深度来看,了解得就更少了。地球的半径有6 300多千米,目前最深的钻井所能达到的深度,不过地球半径的千分之一。

由此可见,对我们的地球拥有的矿藏,可以说还找寻得十分不够。在我国,由于过去反动政权的长期统治,对此更是缺乏调查与开发;现在,全国的找矿英雄们,正大有可为。

劳动创造一切,无疑,愈来愈多的普通石头将成为有用的矿石;地球上愈来愈多的部分将被我们洞彻。矿是找不完的!即使真的有地球上的矿被找完了的一天(那将在很远很远的将来),那时宇宙航行早已为我们的找矿工作在月球和其他的星球上开辟了无限广阔的领域。

谁找的矿多*

谁找的矿多？是地质专家还是群众？

乍一问，容易想到：矿埋在地下，没有专家怎能找到？当然是专家。其实不然，我们不妨查查历史，算算账，就会发现群众找到的矿远比专家找到的多得多。

在我国，许多著名的矿山都是"古已有之"，像抚顺煤矿、大冶铁矿、东川铜矿、个旧锡矿、锡矿山锑矿、水口山铅锌矿等等，都是早就被发现的，有的在明清两代已大量开采了。虽然发现这些矿的人的姓名已不可考，但是可以肯定发现者多半是普通的劳动人民。这在关于赣南钨矿发现经过的材料中得到证实：江西南部有许多钨矿，这些钨矿，没有一个是专家发现的。像大吉山钨矿，是两个从广东来的挑盐小贩发现的，他们偶尔在溪中发现了钨砂，便沿着溪流追溯，终于发现了矿山。铁山垅钨矿是一个姓华的樵夫发现的，还有几处也是过路的矿工发现的，更多的是当地农民发现的。

新中国成立前，群众找矿的积极性经常受到反动政权的打击与迫害，在"奉天矿产调查书"中，还保存了这样一段话："本处(下夹河)之铁矿系同治元年土人(剥削阶级对土著的劳动人民一种轻视的称呼)王成所发现，近年来，以农余之暇前往采掘，卖与田子付沟之铁铺，至光绪十二三年，为永陵守护大臣所闻，出示严禁，其后遂绝无人采掘。"发现著名的黑龙江漠河

---

* 原载《人民日报》。

金矿的劳动人民,遭遇还要不幸一些。在金矿已被群众开采起来以后,清朝政府便派兵前往屠杀,赶走了采矿的人,把金矿霸占了。

国民党反动统治时代,更是变本加厉,连人民原来已经自行开采的小矿,也因受不了反动政权在政治上、经济上的迫害,纷纷倒闭荒废了。

新中国成立后,群众找矿事业受到了党和政府的支持。据不完全的统计,在1958年以前群众提供的矿产情报地已有4万多处。甘肃西部的镜铁山铁矿,就是一个藏族猎人首先发现的。其他像广东某地的水晶矿、河北涞源的石棉矿等由群众发现的中小型矿产地就更多了。在党提出全民办工业、全民办地质的号召后,群众找矿已开始了大跃进。1958年6月13日《人民日报》刊载了河北平谷县组织"土勘探队"上山,发动群众找矿,很快就找到146条矿线,并且立即开采冶炼。7年前,也曾有地质工作人员在这里调查过,但当时并未发现多少矿产。

事情很清楚,专家纵有成千上万(1958年全国大专院校毕业的地质工作人员还不到万人),但是如果把他们分散在我国960万平方千米辽阔的国土上,也就显得太稀少了,因此只有依靠群众,才能找到更多的矿产。也只有与群众密切联系的专家,才能对我们的找矿事业作出最大贡献,创造历史的归根到底还是群众。

矿为什么可以被找到*

很多矿产的发现是群众提供的线索,那么能不能等着群众来报矿,不用去找了呢?必须依靠群众,但同时要组织专门找矿的队伍,运用科学方法认真地去找。这样,大家都动手,才能多快好省地发现矿藏。

矿在地下是有着一定的住所的,矿找得多了,我们就可以发现是有规律可循的。最近江西中部发现了一个大铁矿,是在变质岩中找到的,因此在华南类似的岩石中也有可能找到。而在变质岩里找石油却是白费气力的,找石油要到那种成层的沉积岩地区去。矿产的分布和岩石的性质有关。地球上的岩石并不是同时生成,有早有晚,有的相差达亿万年。在地球上大量生长生物的时候,那时形成的石头中就可能有很多煤矿,因为煤是从植物变来的。看来矿产的分布还受到时间的控制。

在同一个时期中,地球上各处造成的矿产也是不相同的,比如在干燥的地区生成了岩盐、石膏等;在潮湿的沼泽中堆积了泥炭;在海湾里采出了石油;而石灰岩则是深海的产物。

矿产的分布还受着生成时的地理环境的影响。森林受到砍伐,鸟儿会惊走。但是地壳发生运动,自然条件变化了以后,矿产没有翅膀,大部分是不会逃走的,不过往往要发生位置变化。掌握了这种变化的规律,找起来就容易了。有的矿产像石油和天然气,可能沿着运动时生成的裂缝散失,

---

* 原载《人民日报》。

或是逃到别的适于居住的地方。

地壳运动造成了地面新的不平衡。在新的条件下，新的矿产生成了。人们发现，在那种地壳运动剧烈的地区，往往金属矿多，而运动缓和的地区则往往富产煤和石油。

如果我们能够恢复地球的历史面貌，那么在我们的眼里就不是一片山、一堆石头，而是远古的海洋、沼泽、火山，我们还仿佛看到了当时生物的活动情况，感觉到了当时的气候，这样，矿怎么不可能被找到呢？

汉白玉的来历[*]

　　到过北京的人都会感到：汉白玉给北京的许多名胜增添了不少景色，天安门前雄伟的华表，北海岸边美丽的石栏杆，都是汉白玉建造的。故宫、颐和园……到处都可以碰到使用汉白玉的建筑物。十三陵水库也选中了汉白玉来制作大坝上毛主席的题字。

　　汉白玉色白，质坚，不怕风化，是上等的建筑材料。汉白玉是什么岩石呢？它就是大理岩的一种。当大理岩的化学成分纯粹时就是白的，掺有杂质时就有了颜色。大理岩的化学成分和石灰岩一样，主要是碳酸钙。说起来，石灰岩还是大理岩的前身。大理岩和火成岩、沉积岩都不同，不是岩浆凝结的，也不是泥沙埋积的，而是从石灰岩变来的。但是石灰岩里的碳酸钙没有结晶，在大理岩中碳酸钙则成了细粒结晶体。

　　什么原因使得石灰岩的内部物质重新结晶呢？这主要是因为高温的作用，压力增加也有影响。哪里来的高温呢？因为岩浆的侵入。当岩浆侵入石灰岩时，在最接近岩浆的地方，不仅受到热力的烘烤，而且还受到岩浆中分离出来的气体、液体的作用。这时就不只是内部组织重新调整了，成分也因此发生了变化，变为另外一种新的岩石。

　　不仅是石灰岩，其他的一切岩石也都可以因为高温、高压以及新物质的渗入，引起内部组织乃至成分的改变，生成新的岩石。这种变化过程叫

　　* 原载《人民日报》。

做变质作用。新生的岩石叫变质岩。

在强大的压力作用下，许多变质岩的内部，矿物平行地排列起来，看去如条带一般，有的甚至可以一片片劈开，由黏土变来的板岩，就能开成一块块薄的石板。有时岩石内部的矿物也会被挤碎再重新胶结起来。但也有的时候在变质过程中生成了新的矿物，如滑石、云母等，有的还具备美丽的晶形。如北京西山、湖南浏阳都出产的菊花石，就是因为石头在变质过程中产生了红柱石的晶体。这些晶体的外形成簇向四方放射，好像朵朵菊花。

变质过程中不仅可以生成红柱石之类的矿物，还可以形成重要的矿产。世界最大的苏联库尔斯克铁矿，就是在从砂岩变来的石英岩中找到的。新近在我国江西中部发现的大铁矿，也是出现在变质岩中，此外像铜、钼、钨等矿产也有的是在变质岩中的。其实很多变质岩本身就是矿产，如大理岩、石英岩、片麻岩、板岩等，它们都是良好的建筑材料。

地壳发生造山运动的时候产生了巨大的挤压力，并能将岩石推压到地下深处，这些岩石受地球内部热力的作用，常常造成大面积的变质作用。在发生造山运动时，也往往是岩浆最活跃的时候，所以这些作用都不是孤立的。

石头是怎样烂掉的*

2 200多年以前，秦始皇统一了中国，他为了夸耀自己，在他游过的名山胜地，总要叫人在石头上刻一篇颂扬自己的文字。他以为石头是永远不会烂的，他的丰功伟绩可以永远让后人知道。但是到现在，这些石碑只剩下了山东琅琊山保存的断片，断片上的字迹也已经变得模糊不清了。

许多古碑都是这样，愈是古老，那上面的字迹愈是模糊。有些古老的石头建筑物，方方的石柱却变成了浑圆的。

原来石头也会慢慢"烂"掉的。

石头为什么会"烂"

石头为什么会烂呢？

几十年前，在列宁格勒（现为圣彼得堡，后同。——编辑注）博物馆里，发生了这样一件事情：1843年帝俄时代从埃及搬来的两座人面狮身石像，身体变得愈来愈"瘦弱"了，它们原来在埃及住了好几千年，身体却一直是很结实的。

这是什么原因呢？经过科学家诊断，原来是列宁格勒的气候不适宜远

---

* 原载《我们爱科学》。

方的客人居住。

石像受不了列宁格勒潮湿的空气。潮湿的空气中含有很多水分，水联合了氧气和二氧化碳，一齐来向石像进攻，把石头中的一些物质溶解了，使另一些物质发生了化学变化。这样，石像内部的结构，就变得愈来愈疏松了。

石像还害怕列宁格勒的寒冷。它的身上有无数缝隙。冬天，漏进缝隙里的水就冻成了无数的小冰碴。水冻成冰，体积要增大 1 / 11。小冰碴只好用力往外伸张自己的身体，这个力量可不能小看，能使指头尖大的面积上受到 2 500 千克的压力！这样就把缝隙愈挤愈大，使石像变得更加疏松了。

"病根"找出来了，科学家就"对症下药"，给两位客人全身涂满油脂，把缝隙全都堵死，不给空气和水分有进攻它们的机会。从此，两位客人的身体才没有继续坏下去。

这么说，在气候干燥温暖的埃及，石像是不是就永远不变呢？不，在大自然里，没有永远不变的东西。埃及的石像一样在变，只不过变得慢一些罢了。经过了几千年，那里的石像，面貌也已经模糊了。那里的金字塔高度也降低了。

埃及虽然气候干燥温暖，却有冷热的变化，而只要有冷热的变化，石头就会受到破坏。

石头传热是很慢的，不像铜和铁，这头一烧，那头很快也变热了。所以，人们一向用铜和铁做锅子，而不用石头做锅子。

白天，太阳出来，把石头的表面晒热了，表面的热迟迟地传不到石头里面去，里面就比外面冷。等到表面的热传到里面去的时候，太阳下山了，空气变冷了，石头表面也变冷了。这时候，里面的热又迟迟地传不到外面来，里面又比外面热。

铜和铁会热胀冷缩，石头同样会热胀冷缩。

白天，石头表面热，要膨胀，里面冷，要收缩；黑夜，又反过来，石头表面冷，要收缩，里面热，要膨胀，就这样，一部分要胀，一部分要缩，拉来扯去，日子一长，多大的石头也会给拉扯碎的。

石头还受到生物的进攻。

石头虽然很坚固，却斗不过一粒小小的树种。树种能在石头的裂缝中发芽生长，树根长大的时候，对石头的裂缝施加了很大的压力，就像用铁锤向裂缝中敲进了一个楔子，能把石头的裂缝挤大。树根和苔藓类植物还能分泌出一种有机酸，与石头中的物质起化学变化，迫使石头分裂。

许多小动物也是石头的破坏者，它们有的在石头上打洞，有的叮在石头上生活。

生物死后，尸体也能分解出有机酸，迫使石头分解。

这许多破坏者常常是联合起来向石头进攻的，科学家把它们的联合进攻叫做"风化作用"。在"风化作用"的攻击下，没有不"烂"的石头。

石头烂了是不是坏事

有人会说：石头不烂多好呀！不，石头不烂就糟糕啦！

地球上存在着这样的生活秩序：食肉的动物吃食草的动物，食草的动物吃植物，植物在土壤上生长。那么，土壤是从哪里来的呢？是石头"烂"了变成的。

如果石头不"烂"，地球上就没有土壤，就会变得一片荒凉。

"烂"了的石头，能够很好地为人类服务。

石头"烂"成较大的碎粒，就是沙子，沙子再"烂"成更小的微粒，就是黏土。黏土混合沙子，再加上生物的尸体和粪便变成的腐殖质，就能变成肥沃的土壤。土壤很适宜植物生长，能够给人们提供很多粮食、蔬菜、棉花和油料。

不管是造房子、修水库，还是铺道路，都离不开沙子。纯净的石英沙，还是造玻璃的原料。

黏土是制造陶瓷和耐火器材的原料。在造纸、橡胶、肥皂、水泥、石油、铅笔等工业中,也都要用到黏土。

"烂"了的石头当中,还可以提炼出来黄金、金刚石等矿物。

"烂"了的石头,给人类带来多么丰富的礼物呀!

有时候,我们还用人工的办法,使石头"烂"得更快些,满足各方面的需要。

修建一座大型水库,需要几百万立方米,甚至上千万立方米的沙子。可是,施工地点附近偏偏没有这么多现成的沙子。到别处运吧,这么多沙子,要多少辆车皮来装呀!难道等那里的石头"烂"成沙子再修吗?这需要千千万万年的时间。怎么办?人们就用机器把已经风化了的岩石磨成沙子来用。开矿山,修铁路,人们还常常用爆破的方法,炸烂石头。一次爆破,就能完成自然界需要几千年甚至几万年才能完成的工作。

当然,也有的时候,我们需要不容易"烂"的石头。我们在这样的石头上修水坝,建房子。水坝和房子最好修在花岗岩的地基上。花岗岩是岩石中最坚固的石头了。

花岗岩为什么特别坚固[*]

花岗岩是岩石中最坚固的一种，它不仅质地坚硬，而且不易被水溶解，不易受酸碱的侵蚀。在它的每平方厘米面积上，能抗得住 2 000 千克以上的压力；在几十年的时间内，风化作用不能对它发生明显的影响。

花岗岩的外表还相当美观，常常呈现白、灰、黄、玫瑰等浅浅的颜色，其间点缀着黑斑，漂亮而大方。综合以上的优点，它成为建筑石材中的上选。北京天安门前人民英雄纪念碑的碑心石，就是专门从山东崂山运来的一块花岗岩制成的。

花岗岩为什么会有这些特点呢？

我们先检查一下它的成分吧！在组成花岗岩的矿物颗粒中，90%以上是长石、石英这两种矿物，其中又以长石为多。长石常呈白色、灰色、肉红色，石英多为无色或灰白色，它们构成了花岗岩的基本色调。长石和石英都是坚硬的矿物，用钢刀也难划动。至于花岗岩里那些暗色的斑点，主要是黑云母，还有一些别的矿物。黑云母虽然比较软，但抵抗压力的能力也不弱，同时它们在花岗岩中占的分量毕竟很少，常不到10%。这就是花岗岩生得特别坚固的物质条件。

花岗岩生得坚固的另一个原因是它的矿物颗粒彼此间都扣得很紧，是相互嵌在一起的，孔隙常占不到岩石总体积的1%。这样就使花岗岩有抵

105

---

* 原载《十万个为什么》。

抗强大压力的能力,也不易被水分渗入。

　　花岗岩虽则生得特别坚固,但在阳光、空气、水和生物等的长期作用下,也会有"烂"掉的一天,你相信吗?河中的沙子很多就是它破坏后残留下来的石英颗粒,而广泛分布的黏土也有不少是花岗岩中的长石风化后的产物呢!不过这是要很长很长的时间,因此,就人类的时间观念来看,花岗岩是相当坚固的。例如埃及的大金字塔,外表是用花岗岩建的,距今已有几千年了,虽然已有些破坏,但和别的许多东西比起来,仍是相当耐久的了。

萤石——真正的宝石*

近年来，在宝石的行列里，出现了一种真正有价值的"宝"石，这就是萤石。

萤石在过去并不被认为是很珍贵的东西，但长期以来人们都把它用来做装饰品，因为它色泽美丽，常呈较淡的黄、绿、蓝、紫以及褐、红等色，并有玻璃一样的光泽，有些像水晶。当它成分纯粹不含杂质时，更和水晶相似了。但是，水晶是硅和氧的化合物，萤石是钙和氟的化合物，它们的性质是不一样的。只要注意观察就可发现，在外形上，水晶是六方柱状，而且常有一端收拢成为锥形，萤石则是正方块状。此外，它们的硬度也不同，萤石较软，可以被玻璃划破，而水晶则能划破玻璃。如果单从这一点来看，好像萤石不如水晶珍贵，但是在工业上，萤石的用途就远非水晶所能比拟。19世纪末，人们发现在炼钢时掺和了它，可以增强炉渣的流动性，并能去掉硫、磷等有害物质，特别是在碱性平炉炼钢中要用它。炼1吨钢大约要消耗2～4千克萤石，于是它就被大量开采起来了。

自从炼铝工业发达起来后，萤石的身价更高了，因为在用电解法制铝时，需要加入一种冰晶石才能促使氧化铝电解。冰晶石是铝、钠和氟的化合物，天然产出的很少，要用萤石来制造。

但是萤石的大显神通还在今朝。

---

* 原载1959年3月28日《人民日报》。

萤石中含有大量的氟。氟是一种化学活动性特别强的元素,没有一种金属不能和它化合,连玻璃也能被它腐蚀。它的这种性质曾经被利用来制造玻璃器皿上的花纹。从这里可以看出,氟要比氧的活动能力强得多,氧能使铁生锈,但不能使玻璃腐蚀,科学家们设想,如果用氟来代替氧作为氧化剂,燃烧时将得到极高的温度,从理论上算出可以达到4 000℃,因此氟成为火箭燃料的一种很理想的氧化剂。

要制取氟,是一件很危险的事情,因为它有剧毒和极高的腐蚀性。不过"以子之矛,攻子之盾",对于氟来说倒很合适。不少氟的化合物都很稳定,不怕腐蚀。比如有一种叫"聚四氟乙烯"的塑料,便可以抵抗住氟的腐蚀,自然对氧、氯、酸、碱之类的作用更是不在意;它还很坚固耐热,因此被称为"塑料大王"。又如硫和氟的化合物是最稳定的气体,能耐560万伏特的高电压,是最好的气体绝缘材料。

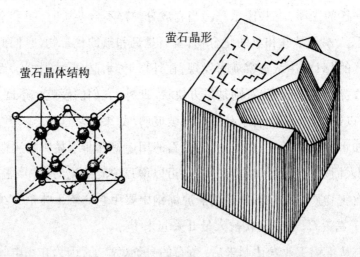

萤石晶形

萤石晶体结构

在原子能工业兴起后,氟又有了新的任务。在天然产出的铀中,只有一种原子量(相对原子质量)为235的铀才适合做原子反应堆或是原子弹的"燃料",但是这种铀在天然铀中含量不多,要经过提炼才能将它大量聚集起来。我们利用了铀235和氟的化合物以及其他铀和氟的化合物都有挥发性的特点,利用分馏的方法将它分开,便能得到纯度很高的铀235。而且在铀的化合物中,只有铀和氟的化合物才有挥发性,因此氟就特别重要了。

看来,氟的利用前途还很广阔,这不过只是开始。氟在地壳中的含量并不算很少,占到万分之八,比氮的含量要多1倍。但是它很分散,因而在普通的岩石土块中含量极微。目前还只有萤石以及磷灰石可以用来提取氟。磷灰石中含氟也不多,主要来源还靠萤石,因此萤石一下从历史上的装饰品变成了珍贵矿物和真正的宝石,这是人的劳动赋予了它珍贵的价值。

炼石成钢*

在我的面前，摆着一块灰蓝色的东西，阳光照着它，闪闪发光。看起来，这像一块作为样品的钢材。

如果真的是钢材，倒没有什么出奇的地方了。

这是将天然的石头熔化后，浇铸在模型里，让它重新冷凝的产物。

石头也可以熔化、浇铸？

但是，这已经不是什么新鲜的事儿了。翻开了文献的一页，这里记述着，在 20 世纪初年，法国人已经在熔铸石头了。

今天，人工熔铸石头，已经从实验室走进了工厂。即使像我国工业还不算发达，也在急起直追，目前已经有一个工厂能够生产了。

自然，我们并不是随随便便就去建工厂。人工铸造的石头，有许多天然石材和钢材所没有的好处。它比天然的石头结实得多，甚至比最好的钢材更能抵抗高度的压力，在 1 平方厘米的面积上，最多经受得起 1 万千克的重压！

人工铸造的石头不像钢铁一样会生锈，也不怕酸碱的腐蚀；它也不像天然的石头那样经不起日晒雨淋，容易风化。

自然，人工铸造的石头要比天然石头贵，然而却比钢铁贱，能够用它来代替钢材的地方，我们使用它是合算的，同时在工业上、科学上需要利用它

---

* 原载 1956 年 8 月《中国青年报》。

那些特殊性能时，更少不了它。

在电气工业上常用它来做绝缘器材，这比陶瓷的坚固得多；在化学工业中需要它代替金属器皿，为的是它不怕腐蚀；安装重型机械时，它更是最好的台座；某些实验室需要建筑隔绝X射线的装置时，也用得着它，只要在铸造的时候掺些重晶石就行了。我们还将它铸成灯罩、管子……许多东西。

要熔化石头，在目前并不是太困难的事，在电炉里我们能得到2 000℃以上的高温，许多石头等不到这个温度便已熔化了，但是并不是任何石头熔铸以后都有上面那些优点，能造那些东西。也许它变得比天然石头还要脆，一敲就碎了。

科学家把一块块作为样品的石头拿来分析、试验。

实验证明，玄武岩和辉绿岩这两种石头最适合作为人工铸造石头的原料，同时在地球上也比较容易得到，自然还有些别的石头也能作为原料。

玄武岩和辉绿岩都是火山活动的产物，火山喷发时流出了大量熔融的石头，叫做熔岩，熔岩冷却后成为各种石头，其中很大一部分是玄武岩。由于玄武岩熔化时黏度不大，容易流动，所以分布常常很广。辉绿岩的成分和玄武岩大体相同，只是没有玄武岩分布那样广，很多时候是一大条一大条地穿插在别的石头中。

这两种石头在我国许多地方都有，分布很广，不难找到，像北京附近西山的辉绿岩就可能宜于熔铸。

有原料，有铸造的方法，似乎再没有什么问题可谈了，然而不，我们发现了一个不合理的现象。

一方面我们耗费许多燃料去熔融石头，另一方面火山喷出了大量的高热的熔岩，让它自己冷却。我们为什么不把熔岩直接用来铸造石材呢？熔岩在冷却时放出的热，还可以用来发电或是作其他用途。

不过熔岩并不是好惹的东西，它带有超过1 000℃的高温，当它流来的时候，人们躲避还来不及，怎敢去利用？同时火山喷发是无常的，你怎能控制它？

在人还没有掌握强大的征服自然的武器时,他在火山面前是渺小的,他几乎很难产生控制火山的念头。然而,人一天天变得更强有力了,火山在他的面前开始缩小。

人们知道,火山喷发是无常的,然而也是有原因的,常常是由于冷凝的或是黏稠的熔岩堵塞了火山的通道,使许多高热的气体、水汽,熔融的石头郁积在地下,这就像一个闭塞了出口的锅炉,当内部的东西愈积愈多,忍无可忍的时候,猛烈的爆炸产生了。

要是我们打一条隧道直接通到火山内部,让熔岩畅快地流出来,情况会怎样呢?我们不仅能利用这些熔岩,还可以使火山变得温和,因为没有引起爆炸的因素了,我们已为这个地下锅炉装了个安全装置。

这时我们还可以设法捕捉那些从地下逃出来的有用的气体。围绕着火山,我们不仅建立了铸造石材的工厂,还建造了发电站、化学工厂……

自然,这些在目前还仅仅只是幻想。

通向火山内部的道路是不平坦的,我们需要更精确地知道火山活动的规律,才能利用它停止喷发的间隙施工;我们将在极高的温度下,在充满着剧毒的腐蚀性极强的地方穿凿隧道,一般工具和工作方法不行了,我们需要能抵抗高温、不怕腐蚀的机器,用它来代替人工挖掘石头。

我抬起头来,向那墙上挂着的世界火山分布图望去,那些红点代表着的几百座活火山,仿佛在告诉我,人们啊!什么时候能让我像风、水……一样为你服务呢?

石头变黄金*

在几十万年以前……

这是一处河滩，河滩上堆满了许多石块，这些石块是没有生命的东西，河水将它们无目的地搬来搬去，此刻它们静静地躺着，一动也不动。突然一只毛茸茸的大手伸到石块中，将它们翻来拣去，一些最坚硬的石头被带走了。

大手的主人是一个直立行走的动物，他有着低斜的前额，眉骨高高耸起，看他的外貌活像一只猿。但是，如果你能跟随着他走进他居住的山洞时——这里燃烧着篝火，你就不再怀疑了，他是一个人。因为没有任何一只猿知道生火。你还可以发现，他采集这些石头不是没有目的的，他将石块相互用力敲打，让它产生锋利的棱角。做这种工作是很费事的，好久好久他才制出了一柄石刀。石刀在主人的手里获得了新的生命，带有柄的石刀在草原上挥舞，一头头的野兽倒了下去，人——成了世界的主人。

以后，在人类逐渐强大的过程中，始终没有离开过石头的帮助。当人类知道用钢、用铁的时候，生产力就大大提高了。而铜、铁都是从矿石中提炼出来的；作为今天获得原子能的主要原料——铀，也是从矿石中得到的。每当人们的生产技术有了提高的时候，便有更多的石头变得有用。矿石和普通石头之间，已经愈来愈难划分界限了。

---

* 原载 1958 年 8 月《科学大众》。

有哪些有用的石头呢？

我们最容易想到的和注意到的，往往是那些能够得到金、银、铜、铁等金属的石头和能够做燃料的煤块、油页岩等。可是，还有些既不能做燃料，也提炼不出金属，但却很有用的石头，我们也不应该忽视。

这样多的石头，真是从哪儿说起呢？

还是来看看石刀吧。这里有两把石刀：一把是若干万年前的产物，一把是现代人制造的。现代人还制造石刀？！是的，石刀可以代替硬质合金刀切削金属。你想想，制造这种刀的石头应该有多硬！这是玄武岩，一种灰黑色的、异常坚固的石头，在1平方厘米的面积上经得起几千千克的压力。不过，用它来代替硬质合金刀还只是尝试。更主要的，它是用在建筑工程上。玄武岩还可以在熔化后浇铸成各种有用的东西，比如管子、砝码等。

可以作为建筑材料的石头很多，像花岗岩、大理岩都是其中有名的。北京天安门前的人民英雄纪念碑的碑心石，就是一整块花岗岩做成的。在北京还有许多著名的白石栏杆，这种石头是大理岩的一种，它本来是比较纯洁的石灰岩，因为在地壳运动中受到了巨大的热力和压力，调整了内部构造，才变得结实而美观的。要是石灰岩中含有杂质，便会现出各种花纹和颜色。

有一种板岩，可以层层劈开，成为薄片，表面平滑，常带青灰色或其他颜色，用来代替屋瓦，价廉而美观。另一种石头——石棉制的屋瓦，更可以防火、防电、隔热。石棉看起来很像麻，表面带有绢丝一般的光泽，容易认出。它可以用来搓绳、织布；穿上这种布制的衣服，真可以"入火不焚"。因此，在工业上的用途很大。

石墨也是重要的耐火材料，可制造冶炼金属的坩埚。它常呈鳞片状或粒状产出，铁青色，很软；是机器的润滑剂。涂在铸造模子的表面，可以使铸件表面光滑，模子不致烧焦。铅笔芯也是石墨制成的。

耐火的石头还有菱镁矿、白云石等，都是炼钢所需要的。

有一种石头不仅耐火，而且越烧越大，焙烧后体积膨胀14～18倍；它轻得像软木塞一样，并且隔热、隔音、耐火、美观，是上等的建筑材料。这就是蛭石。蛭石外形和云母相似，通常呈现褐色、金黄色或古铜色。

云母也能耐高温，在1000℃不会有什么变化。因此用来镶嵌冶金炉、化学炉上的小窗，制作高温工作人员用的眼镜；但有90%是用在电气工业上，因为它有极高的绝缘性。

不光是耐火的石头有用，有些石头掺和到矿石里，能使矿石在较低的温度下也熔化，这叫做熔剂。萤石、石灰岩都是炼铁过程中不可缺少的熔剂。石灰岩是大家所熟悉的，萤石在我国很早就用做装饰品了，它有透明的蓝色、紫色或绿色，放到日光下会发出荧光。

磷灰石在铸造青铜合金或生铁合金时，也可掺和进去使合金流动性增大，便于浇铸；而它最主要的用途是制作肥料。磷灰石常成六方柱状晶体产出，带绿色或褐色，和玻璃一样硬。

我们都知道，石膏可以加入豆浆做成豆腐，但是，90%以上的石膏是用来掺和水泥。水泥中有了石膏才不致迅速硬化，不好使用。

石膏很软，用指甲就可以划动，而滑石比它更软。滑石粉广泛地用做填充料和涂料，以及制作杀虫剂、化妆品等等。你在中药店里就可以买到滑石粉。

和滑石相反，金刚石是最硬的石头，它是闻名已久的宝石。现在由于工业技术的发展，金刚石已不只是当做装饰品，而且成了重要的研磨材料；还可以用来制成钻探用的钻头、切削用的刀具以及精密仪器中的零件。

作为研究材料的还有刚玉，它的硬度仅次于金刚石。红色的刚玉通称红宝石，其他颜色的都叫蓝宝石。

比较坚硬的石头还有石英，白色的沙子就是石英。石英可以烧制玻璃。结晶巨大、纯净透明的石英，就是水晶。水晶是五色的，含有杂质时可带紫色或褐色等，常呈六方柱状产出。水晶在过去也是做装饰品，现在则是无线电工业的重要材料。

有一种石头和水晶一样透明，但要软得多，并且晶形是歪斜的菱形体，这就是冰洲石。它是制作光学仪器的重要材料。

有用的石头还很多，比如有一种浮石，由于有许多蜂窝状的空洞，可以浮在水上，将它掺和在水泥里，可以增强抗水性，另一种火山凝灰岩则可以用来代替水泥；还有一种很沉重的石头重晶石，在钻探石油时用得很多……

仔细研究起来，几乎每一种石头都有它独特的用途，在这里不过是拉开帷幕的一角，粗略地展示一下山中宝库的富饶而已。要是我们能将自己家乡的石头作详细的调查，再进行专门的鉴定研究，一定可以发现许多被忽略了的资源。

随着生产与科学技术的发展，可以设想，每一块石头都将成为比金子还宝贵的东西。每 1 立方千米的岩石中，含有铝 23 000 万吨、铁 13 000 万吨、铜 26 万吨、锡 10 万吨、铀 7 000 吨、金 13 吨。总有一天我们可以直接从普通的石头中取出这些有用的东西，到那个时候，真可以说遍地是宝藏了。

无穷的财富*

四川隆昌气矿从天然气的燃烧中制取一种重要的橡胶工业原料——炭黑。在那里，天然气成天燃起熊熊的火焰，制成炭黑。但是在此同时，天然气燃烧发出的大量热量却被浪费了。而在离隆昌不远的四川自贡市，那里的制盐厂只用天然气燃烧发出的热量来熬盐，大量的炭黑却白白地丢掉了。1958年春天，人们发现了这个问题，自贡市制盐厂的工人同志，积极想办法，解决了用天然气既熬盐又生产炭黑的办法，为国家增添了一笔财富。

仔细检查起来，人们在许多地方常常把有用的东西当做"废物"扔掉了。

通常，一种矿产中常含有多种有用的东西，可是我们往往只利用了其中的一部分。烧煤就是一个例子，烧煤时所生的热不能充分利用，而且其中有许多很有用的东西也被抛弃了。

从烟囱跑掉的煤烟里含有0.3%～0.5%的锗，锗是重要的半导体材料；煤灰、煤层中的夹石含有许多铝，而不少煤层中的夹石还是烧制能浮在水上的轻质大砖的材料呢。可是从前这些都被当做是废物的。利用煤可以得到多种化工产品，这是大家所熟知的了。

煤可以综合利用，其他许多矿产也都同样值得综合利用。

我们常用的金属如铜、铅、锌、锑等的矿物常是硫化物。在矿石中提取这些金属的时候，硫并未被很好利用起来，而硫是制造重要化工产品硫酸

---

* 原载1960年6月17日《解放军报》。

的原料。即使金属和硫都得到了，这些矿产往往仍未充分利用，特别值得一提的是锌的硫化物闪锌矿，在它的内部常含有锗、镉、镓、铟、铊等稀有金属，以往我们不太知道这些金属的价值，同时因为它们的含量很少，没有引起重视，但是现在看来，这些金属虽然含量小，其价值却往往比矿石中的锌还大得多。比如当矿石中含铟在0.1%以上时，就值得作为铟矿来利用，而锌倒成了副产品了。

在相当长的一个时期内，人们开采铀矿是为了从中提取镭（一种放射性元素，可以治疗癌症）。铀矿石中的含镭量是极少的，在1 000万千克的铀矿石里，才能提取3千克镭，而大量的铀矿石过去并没有被利用起来。

当人们知道了铀是取得原子能的主要原料时，废弃的铀矿石变成非常重要的矿石了。

自然的财富是无穷的，问题在于我们能不能发现它和利用它。古代的人们由于认识和改造自然的能力比较差，往往只利用了矿产中容易利用的和当时人们认为最有用的部分。比如在盐卤中只注意可以吃的食盐而忽视了其他许多有用的盐类；石油炼制后剩下的沥青竟被送到海里去倒掉。在捷克斯洛伐克曾经有过这样的事情，有一处开采了几百年的锡矿，那里的"废石"已经堆成小山，后来，当人们发现这些"废石"里含有钨（钨是炼特种钢的原料，比锡要重要得多）的时候，这小山又立刻被当做矿山来开采。

随着科学技术的发展和生产水平的提高，我们能向自然获取的财富将愈来愈多，自然界没有废物，只要我们不断劳动，就可以创造出无穷的财富。

水火无情变有情[*]

　　当你到煤矿里去参观的时候，如果正吸着烟卷，一定有人客气地请你在进入矿井以前把它熄灭掉。"水火无情"在矿井里表现得特别显著，严禁烟火是对任何人也不能例外的。

　　也许你会说：小小的烟头能有多大危害呢？问题不在烟头本身。煤矿里常常含有易于燃烧的瓦斯，当瓦斯的含量在空气中超过5%时，遇火便要发生爆炸。在世界的采煤史上，瓦斯爆炸不知剥夺了多少矿工的生命。

　　有时瓦斯还会突然大量喷出，煤也一块儿喷出，造成采煤工人的伤亡事故。因此，瓦斯在矿井里是很讨厌的东西，人们时刻注视着记录瓦斯含量的仪器，当含量增多时便要发出警号，使用通风设备将它排除到地面去。

　　水在矿井里也是讨厌的东西，有时矿井里涌出的水太多，采煤前就不得不大量抽水，增加了煤的成本，要是突然出水，更会造成工人的伤亡。

　　从前，资本家为了利润，是不顾工人死活的，矿井里根本没有什么安全设备。18世纪时，法国的资本家还曾强迫工人冒着生命的危险到矿井中去点火，使瓦斯还没有大量聚集起来以前便被烧掉，这样最多只会发生局部爆炸，可以不损伤矿井。工人的安全呢？他们是不管的。

　　在我们这个社会里，安全生产被提到头等重要的地位，采取了许多措施来防止瓦斯和地下水所引起的事故。但是，这些措施多半是设法把瓦斯

---

　　*　原载1958年10月13日《人民日报》。

119

赶出去，把地下水抽出去，或是防止它们突然涌出，多少是消极性质的。

其实，瓦斯和地下水都是有用的东西，白白地把它们放跑了实在可惜。瓦斯主要就是我们正在大量应用的沼气。煤是植物变来的，在造煤的过程中也产生了沼气。

发挥了创造性的人，是有力量来控制它的。抚顺矿务局已经用钻孔的办法，使煤层中的瓦斯在煤层开采以前，先就沿着孔道跑了出来。这些瓦斯便被输送到居民家里作为燃料，或是送到工厂里制造重要的工业原料——炭黑。目前输送做燃料的瓦斯每年已可代替 3 万吨煤；单是龙凤煤矿提供的瓦斯，每年便能制出 1 000 吨炭黑。

至于水呢，现在也成了有用的东西。水开始成为采煤的工具。压力极大的水流从水枪中喷射出来，使煤层迅速地剥落，然后这些煤水混合物再被水泵运到地面上来。这种水力采煤法既安全，又迅速，而且还能节约投资。因而地下的水也重要起来了。地下水少了还不行，因为矿井中的涌水量每小时超过 100 立方米以上时才能主要利用它来采煤，否则还需要从地面上输水来帮助。

瓦斯、地下水都从坏事变成了好事，水火本无情，如今却也变成了"有情"。这又一次说明了事物没有一成不变的，在人类勇于利用自然的时代里，人是愈来愈自由了。

碳和生命*

你曾经想过碳对我们的生活有多么重要吗？假使地球上没有碳，一切又将如何呢？

假使没有碳，全世界绝大部分工厂都要停工了，许多交通工具也不能运行了。因为目前每年人类所消耗的能量，有90%以上是来自碳和含碳物质的燃烧。

其实在没有碳的时候，哪里谈得到什么工厂之类的问题，因为没有碳就没有生命。动物吃植物，植物的主要"粮食"则是碳。每年，地球上所有的植物大约要"吃"掉2 300亿吨二氧化碳中的碳。

碳是一切生命的基础。但是它在地壳中的含量却并不算多，仅占地壳总重量的0.35%，这些碳绝大部分贮存在岩石和煤、石油等矿藏里，在有生命物质中的碳只占地壳中所有的碳的0.1%多一点。

碳在有生命的物质里，起着骨干作用。就像建房子少不了屋架一样，碳原子排列组合起来成为有机物的"屋架"；碳原子能够自己连接起来像链条一样，由6个碳原子组成的链条两端还常常结合起来成为环状，这些环又可以相互连接。因此，"屋架"的形式非常复杂，其他元素的原子再按照不同情况组合进去，这就形成了种类繁多的有机物。

假使没有生命，碳又该怎样呢？

---

*　原载1959年11月17日《人民日报》。

自从地球一形成,地球上就有碳了,但在生命还没有出现以前,碳并没有能像今天一样千变万化,放出异彩,它只能形成些简单的化合物(是应当归入无机物一类的)。比如碳和氧化合而成的二氧化碳那时就很多。由于大量二氧化碳在海水中溶解,它与水中的钙质化合形成碳酸钙,沉淀在海底变成了石灰岩。这些石灰岩的厚度是惊人的,如5亿多年以前在我国北方一带(当时是海洋)造成的石灰岩厚达几千米。由于生命逐渐发生和发展,植物吸收了大量的二氧化碳,以后,再形成的石灰岩就愈来愈薄了,这时碳不再是简单的化合物,它投身到使大地变得万紫千红、生命喧嚣的活动中去了。

应该说,碳给生命提供材料,而生命则使碳创造出千变万化的奇迹。

把碳引入这个变化过程的是植物,是植物的叶子,是植物叶子中的叶绿素。

在显微镜下观察,我们可以发现,一片白菜叶上的气孔可以达到1 000多万个!二氧化碳从这些气孔进入到叶片中,在阳光帮助下经过叶绿素的作用,和水发生变化,造成了各种有机物。这便是木材、水果、粮食、棉花的来源。

碳被引到植物中以后,由于植物被动物吃掉或死亡腐败,就进入更加复杂的变化。大量的碳在动物体内形成二氧化碳被呼到空气中,全人类每年呼到大气中去的二氧化碳达10亿吨以上。生物死亡后,由于腐败分解,也会造成大量二氧化碳,有时由于得到水和泥沙的掩盖,其中的碳得以保存下来,变成了煤、石油等产物。

对于这些变化,直到19世纪初,不少人还认为是由于一种神秘的"生命力"造成的,是不可知的。但是科学终于揭开了自然中这个极为复杂的谜,造化之功是伟大的,但是人创造出了更大的奇迹。

我们开始能够大量制造许多我们所需要的有机物。

我们生产了许多可以代替金属、木料、玻璃等材料的塑料,可以代替羊毛、棉花、蚕丝的人造纤维;香料、染料、糖精、皮革、油脂等许多东西都有人造的了。制造这些东西的工业被称为有机合成工业。我们不仅能造出这些东西,而且产品的质量往往比天然生成的要优越得多。

　　不过这也不能理解为从此就可以不再依靠生命的作用了,因为人工制造各种产品的时候,需要建许多工厂,消耗大量的能量。可是每一棵植物都在起着工厂的作用,它们广布各地,吸收了来自太阳的巨大的能,我们为什么不加以利用呢?要知道植物对太阳能的吸收还很不充分,在最好的条件下,叶绿素吸收的能量还不到射在叶片上的能量的8%,何况在许多时候叶片并未充分地受到照射。因此只要我们提高叶绿素的作用,更充分地利用太阳能,就有可能使这个"绿色的工厂"从空气中捕捉更多的二氧化碳,成倍地提高产量。

　　生命的力量是无穷的,尽管我们的工业将要高度发达,但是不可能代替广布地球的生命的工作。因此,利用培育生物来进行生产的农业,也一定要无穷尽地发展。

历史的脚印——脚印的历史[*]

　　世界上许多地方都发现过亿万年前的动物脚印。在有些博物馆里,便保存着古代恐龙留下来的脚印。人们可能会想到,时间过去了这样久,脚印怎么还能保存下来呢?

　　原来这些脚印早已变成了石头。当初留下脚印的地方是柔软潮湿的泥沙,具有可塑性,动物走过的时候,如果脚上的力量足够给泥沙印下痕迹,这痕迹就能保存一个时期。以后假使没有受到破坏而被泥沙掩埋,经过漫长的岁月,泥沙变成了石头,脚印也像翻砂铸造一样保存在岩层中间了:下面的岩层是动物踩过的泥沙形成的,留下了凹进去的印痕;而上面的岩层则由后来掩盖上的泥沙变成,恰好"铸"出了动物脚爪原来的样子。

　　能够留下脚印的地方,应该时而是沙滩时而是被水淹没的水滨。干燥的土地上不易留下脚印,也没有东西把泥沙搬来掩埋它;水深的地方泥沙太湿太稀,即使有动物走过,流沙的

运动也会使脚印很快消失。因此,研究岩层中的脚印,对了解自然的历史很有价值,可以帮助我们认识当时的地理环境、生物的习性等。例如,人们原先以为双足恐龙是跳跃前进的,像今天的袋鼠一样。但是在研究了恐龙

---

　　[*] 原载 1961 年 8 月 27 日《天津晚报》。

留下的脚印以后，发现恐龙的两只脚印并不是排在一起，而总是一前一后，这表明它是像鸵鸟一样走路的。

按以上所述的方式在岩层中保存下来的历史的痕迹不只是脚印，像雨打沙滩留下的痕迹，水浪使泥沙形成的波状起伏，泥土干裂产生的裂纹等等，都可以保存在岩层中。在北京西山中，有些砂岩的岩层面上，就有波状起伏，这些岩层形成的时间，已在 5 亿年以上了。

这些历史上遗留的痕迹，是帮助我们读懂地球历史的重要"文字"。

历史的脚印

生命的历程*

今天的华北地区,人烟稠密,生物繁盛,熙熙攘攘,生命在这里非常活跃。生命发展到今天的地步,是经过漫长旅程的。

在地球历史上,有几十亿年是无生命的时期。生命究竟是从什么时候开始的呢? 这还是一个谜。目前我们所找到的最古老的生命的遗迹,主要是些藻类的化石。这些藻类生活在海洋中。在距今九、十亿年至五六亿年的时候,空气中和海水里的二氧化碳都很多,在海中形成了大量碳酸钙,当碳酸钙从水中沉淀出来时放出了热,这些藻类就利用它来制造食物和繁殖。碳酸钙沉淀以后变成了石灰岩,藻类化石也就保存在这些石灰岩中间,它们在华北许多地方都可找到。

在藻类繁殖以前,应该早就有更低级的生物出现,但是它们没有化石保存下来,因而也就无从查考了。藻类是我们现在所能认识的华北地区最古老的"居民"。

三叶虫·鱼

继藻类之后,无脊椎动物尤其是其中的三叶虫成为华北地区的主要"居民"。它们一般都在海底生活,和现存的虾蟹是远亲,看起来不过是些

---

* 原载 1961 年 3 月 27 日《天津晚报》。

大大小小的甲虫模样的东西，但在距今6亿年左右至5亿多年以前，它们却是当时海中的霸主。以后，虽由于别的生物兴起，它们不能再占绝对优势，但仍相当繁盛，一直延续到距今2亿多年前才灭绝。在华北地区的许多岩层中都保存有三叶虫化石，像唐山附近的马家沟、山东泰安附近的大汶口都有众多的三叶虫化石。

代替三叶虫成为生命舞台上重要角色的是鱼类。但由于地壳运动强烈，华北形成大面积陆地，这一重要变迁就促使鱼类向两栖类发展。到了距今3亿多年至2亿年左右以前的时期，华北地区已经成为两栖类统治的世界了，那时候陆地上的植物也特别繁茂，到处是参天的丛林——它们就是今天华北众多的煤矿的前身。

龙 的 出 现

在2亿多年前，地壳运动强烈，华北地区的地形和气候都有重大改变，生物也发生了显著的变革：许多生物绝种了，两栖类也逐渐失去它的黄金时代，由两栖类演化而来的爬行类动物代替它成为华北地区（以及整个地球）的统治者。这些爬行动物许多在后来也绝种了，我们把这些已经绝种的古代爬行动物统称为龙。这与传说中的"龙"完全是两回事。它们有的在海中生活，这是鱼龙和蛇头龙，前者嘴尖长、牙锋利、尾似鲨鱼；后者头颈似蛇身似龟。它们都是凶猛的动物。在天上飞的有飞龙和翼手龙，它们用皮膜构成的翅膀来飞行，是当时空中的霸王。不过这些龙都不是华北地区的统治者，当时华北地区已升起成为大陆的一部分。在陆地上和陆上湖沼中生活的是恐龙。在山东莱阳金刚口我们已找到不少恐龙和恐龙蛋的化石（1958年就挖出了80多件）。据研究，这些恐龙多系以吃植物为生的，虽然形体庞大恐怖，其实倒并不残暴。不过，当时地球上凶暴的恐龙确是不少的，它们以吃其他的龙为生。吃植物的龙胃口是很大的，有的一天要吃掉成吨的食料,幸而当时气候温暖潮湿,植物繁茂,地势平坦,便于它们行动,因而食物还容易找到。可是到了距今天约 7 000 万年以前,地球上高山隆起、气候转寒,食料减少了,恐龙裸露的皮肤也抗不住寒冷,它们的生活愈来愈困难了,吃植物的龙减少了,吃肉的龙也就感到食物缺乏。终于,地球上的龙整个灭绝了,只剩下些化石把我们引进到那种神话般的世界的冥想之中。

曾是象的家乡

结束了龙的时代以后,地球上的生物逐渐接近了今天的状况,由爬行类演化而来的哺乳类动物成了地球上最活跃的生命。在华北地区,由于气候以及其他自然条件在这段时期内经过了多次变化,因此生物的发展情况是很复杂的:热带的犀牛、大象曾在这里安家;耐寒的熊也曾在这里繁殖;还曾出现过可以适应寒冷气候长着长毛的犀牛和大象。它们都已灭绝了。在华北地区还广泛找到了马的祖先的化石,这种马个子小,脚上有趾而不是蹄,牙齿也短小得多。据研究,当时华北多丛林沼泽,气候温湿,马有这些特点,便于在密林中软泥上行走,同时牙齿也足以咀嚼植物的嫩叶了。但是后来气候变得干而寒冷,丛林沼泽变成草原,它必须吃干草,必须迅速奔跑以逃避敌人。因为没有丛林提供嫩叶和隐匿之所了,于是那些不能适应新环境的马被淘汰,而能适应新环境的马保存下来并发展了新的特点,成为今天的样子。

从猿到人

我们的祖先也是在这种变革的时期,不仅适应了环境而且学会了劳动,改造了环境,从古猿变成了人。北京周口店发现的距今约有 50 万年的"北京人"就是生命的历程中一个重要的里程碑。在这以前是不是还有更古老的人类呢？这还有待探索。

人类的出现,使生命的发展进入了极高的阶段,我们正以自己的劳动为自然的历史揭开新的一页。

地球的年龄有多大*

你知道地球生成以来,已经度过了多少岁月呢?

很早以前就有人想回答这个问题。

人们想到了海水。海水是咸的,其中的盐被设想是从大陆上送去的,现在河流还在不断把大量盐分带进海中。那么我们用每年全世界河流带进海中的盐分的数量,去除以海中现有盐分的总量,这不是可以算出积累这样多的盐分,已经花了多少年吗?计算的结果表明:大约已有1亿年。这个数字显然还不是地球的真实年龄,因为在海洋出现之前,地球早已经出世了。而且河流带进海中的盐分的多少,不会每年一样,海中的盐分还会因海水被风吹到岸上,而有一部分返回大陆。

人们又在海洋里找到了另一种计时器,这就是海洋中的沉积物。随着岁月的增长,沉积物愈来愈厚,而且大量变成了岩石——沉积岩。据估计,每3 000~10 000年可以造成1米厚的沉积岩。地球上各个地质时期形成的沉积岩,加在一起总共有多厚呢?约有100千米。算起来形成这些沉积岩共用了3亿~10亿年的时间。不过这个数字仍不等于地球的年龄,因为在有沉积作用以前,地球也是早就形成了。

看来需要有一种稳定可靠的天然计时器才能算出地球的年龄。这样

---

*　原载 1965 年《你知道吗》。

的计时器已经找到了,那就是地球内的放射性元素和它蜕变生成的同位素。

1896年,铀具有天然的放射性被法国的物理学家贝克勒尔发现,随后英国的物理学家卢瑟福提出并证实放射性元素的原子会蜕变,即自行分裂为另外的原子。例如原子量为238的铀,蜕变的最后结果是产生出氦和原子量为206的铅。这种铅比原子量为207的普通铅重一点,但都在元素周期表上的同一位置,被称为铅的同位素。人们还发现这些放射性元素蜕变的速度不受外界的影响,稳定不变,不过蜕变的速度和产物各不相同;铀—238是45.1亿年变掉一半,这个时间被称为铀—238的半衰期。

放射性元素在地球上分布很广,像铀在许多岩石中都有,它蜕变产生的氦是气体,容易散失,铅则留了下来。因此根据一块岩石中含有多少铀及从这些铀分裂出来的铅,就能够算出这块岩石的年龄。现在已知的最古老的岩石,是1973年在格陵兰发现的,年龄有38亿年;1983年又在澳大利亚找到几粒年龄有41亿~42亿年的矿物颗粒。这表明距今40亿年前后,地壳已开始形成。

不过在地壳出现以前,地球已经存在了一段时间,因此这个数字还不等于地球的年龄。这该怎么办呢?人们发现,地球中的铅,不止是铀—238分裂而成的,原子量为235的铀和原子量为232的钍也在蜕变,产生出另外两种铅的同位素。而且除了放射性元素蜕变而成的铅,地球上还有一种非放射性来源的铅,它的原子量为204(Pb^{204}),在地球形成之时就已存在。查出了存在于地球的这几种铅今天的比例关系,就能算出比较可靠的地球的年龄。可惜那种非放射性来源的铅由于它的原子重,沉降到以铁、镍为主的核心中去了(分布在上层岩石中的铅,主要是铀和钍变来的;铀和钍的原子更重,但它们的离子半径大,随二氧化硅向上移动,跑到地球的岩石表层中来了)。但是按照地球与太阳系其他天体都来自同一星云的理论,不妨借用铁陨石来推算,它们是太阳系中小天体的碎片,成分接近地球核心的物质组成。

这样计算的结果是地球的年龄约有46亿年。当然这仍不够确切,计算的结果常出入很大,但我们对地球有多大年纪,终究有了接近真实的认识。

正在变暖的地球*

地球的冷暖，直接影响到人类的生活。

这些年来，不知你感觉到没有，气候似乎比从前暖和了，去年(1958)北京的冬天就没有往年冷。

可能你会怀疑，也许是我的感觉不可靠吧？地球真的在变暖么？

是的，人的感觉有时是不很准确的，许多生物对冷热变化的反应比人要灵敏和准确得多，它们有什么表现呢？本来在温暖的海水中才能生活的放射虫和鱼类，跑到北极圈内的海中来了。在苏联北方的白海，捞起了海鲈，从前，它嫌这里的海水冷，是决不肯来安家的。

海水在变暖，还有别的证据。如1959年6月13日《人民日报》报道：位于北冰洋的利亚霍夫群岛正在融化中，因为这些岛屿的基础都是冰层。这种现象在北冰洋中早就多次出现，导致一些岛屿"神秘"地消失。

1901年，一艘力量强大的破冰船驶向北冰洋中的新地岛，尽管它开足马力，仍未能战胜冰块的重重围困，只好半途而废，退了回去。可是过了34年，又一艘破冰船开向新地岛时，沿途并未受到冰块的阻拦，到达了目的地。

科学家作出了最后的结论：海水温度确实在升高。观测记录表明：从1906年到1921年，北冰洋南缘穆尔曼斯克处的海水温度升高了2℃。

---

* 据1959年6月19日《工人日报》发表的"正在变暖的地球"和《新观察》1959年第13期发表的"地球的冷暖"摘编。

这种变暖的趋势不仅出现在北冰洋中,全世界许多地区都感受到了。如在美国建国初期,那里的许多河流在冬天要因结冰而断航,如今终年都能畅通了。美国东部的年平均温度,100 年来升高了 2~3℃。

要是用地球历史的眼光从长时间来看,地球在变暖的趋势更是清楚。在几十万年或更短一些时间以前,地球上曾经比今天冷得多,冰川掩盖的面积达到 5 200 万平方千米左右,欧洲和北美洲北部相当大一部分地区,包括莫斯科、华沙、柏林等城市,全在冰雪覆盖之下。英伦三岛犹如今之格陵兰,是一块冰原。

到今天,冰川向两极退缩了,面积已因冰雪消融而缩小 2/3 以上,地球在变暖,很清楚。

假使把冰川广布的时期比拟为地球的冬天,那么今天正是地球的春天。而在地球历史上还有过比今天暖和得多的时期,地球的冷暖变化曾多次发生。

为什么在地球的发展过程中会有这些冷暖变化呢?

有一个原因容易被想到,当你烤火时,火炉愈旺你愈觉得暖和。地面上的热基本上是太阳辐射来的,当太阳辐射来的热增多时,地球变暖和了;反之,自然要寒冷一些。

太阳辐射来的热为什么会有变化呢?过去我们是不清楚的,现在发现太阳上正在进行规模巨大的热核反应,由此产生出光和热,而这反应的过程并不是平稳不变的,如稍有变化,地球上也能感受到它的影响。

不过假使火炉没有更旺,但多穿了衣服,身上也会暖和起来,地球的大气圈就有这种作用,它能使地球所吸收的太阳辐射来的热不致迅速散失。因此大气的状况与地球上的冷暖密切相关。

大气中的尘埃多了,阻挠阳光通过,地球上就要冷些;而二氧化碳的增加,则使大气保暖的作用增强,气候就可以变得比较暖和。所以有人认为,人类大量进行燃烧活动,增加了二氧化碳,是地球变暖的一个原因。

由于地壳运动而使陆地面积扩大或缩小,使高山增多或减少,也都对

133

气温高低有作用。也有人认为地球上的冷热与地球两极位置的移动有关。

地球内部放射性元素蜕变放出的热，也应该对地球的冷暖有影响，不过由于岩石传热慢，能够传到地面的量很小。

存在于宇宙空间中的尘埃，有拦截太阳辐射的作用，这些尘埃在有些区域聚集得较多，因此有人认为，当地球随着整个太阳系围绕银河系的中心旋转，进入到这种宇宙尘埃密集的区域时，冰川就会广泛出现。

这些原因都有一定的道理，现在可以这样认为，地球上的气候不是永远不变的，而是在不断发展，不会简单地重复。但要全面解释地球冷暖的变化规律，还有待进一步探索、研究。

一个墨西哥农民的奇遇

在太平洋彼岸，有一个和我们遥遥相对的国家——墨西哥。

墨西哥西南部，群山起伏，河流蜿蜒，气候暖和，土质肥沃。在那儿一个美丽的河谷里，农民普里多经营了一块玉米地。这块土地真有点奇怪，好些日子以来，每当他光着脚丫子在地里走的时候，总感到脚下的泥土很热，似乎阳光对他这块土地特别照顾。但是，在太阳落山以后，这里的泥土仍然是热的，甚至使他感到睡在地里比睡在家里还暖和。

1943年2月间，那里发生的怪事就更多了。普里多好几次看见烟从地里冒出来，开头他还以为是枯叶子着火了，铲了一点土盖在上面，想使它熄灭。但是这神秘的烟仍然不断升起。2月20日下午四五点钟，他正靠着木犁在地里休息，突然觉得大地颤动起来了，并且听到地下有隆隆的响声，还看到有一股浓烟升上高空。这次他看清楚了，不是枯叶子着火，烟是从地下一个六七厘米宽的裂口中钻出来的。

"奇迹！奇迹！"普里多惊慌失措地跑回去，告诉他的妻子赶快逃走。当他们跑到附近的帕里库廷村时，只见路上挤满了慌慌张张的人，原来那里的村民也感到了土地震动，望见了那已经升得很高的烟。烟越来越多，形成又高又粗的烟柱伸向天空。过了一些时候，天色渐渐暗下来，这时烟柱显示出了它的光辉，仿佛熊熊的火焰在飞腾，附近的田野都被它照亮了。

这些现象，4千米外的圣胡安镇的居民也注意到了，他们聚集在广场上议论纷纷：到底发生了什么事情？有5个农民骑上快马，赶到现场去观察。他们看到的情景和普里多所见的大致相同，只是此时地下的活动更强烈了，那个喷烟的洞，直径已扩大到 2 米左右。洞里像开了锅一样，不过在里面翻腾的不是水，而是沙子。在那喷出的烟中，有许多灰沙和石块，尽管这些灰沙和石块很烫，他们还是拿了不少回去，成了科学家难得的有用材料。

第二天早上 8 点钟，普里多再一次到他的玉米地里去时，只见地里铺满了大大小小的石块、灰沙，那个喷烟的洞口周围，堆得更多，已堆成了比原先的玉米地高出约 10 米的小丘。

来自地下的物质不断喷起又落下，小丘越堆越高，一个多星期以后达到 100 多米高，称得上是一座山了。这座山因为是由喷出物落下堆集而成的，所以距离喷出口越近，堆得越多，自然形成了一个圆锥体，不过这个锥体的顶端并不尖锐，而是有一个圆坑，就是那喷烟的洞口发展而成的。

现在我们可以明白了，在普里多的玉米地里发生的事情，是地球上一座新的火山"诞生"了！这种缺少锥尖的圆锥形山峰，正是典型的火山特征，被称为"火山锥"；山顶上那个坑叫做"火山口"。火山口有一个通道伸向地下，被称为"火山颈"（或"火山喉管"），来自地下的气体、水汽和碎屑物质由此喷出，形成烟云，有时还有处于液态的岩石熔浆流出，它们的温度常高达几百摄氏度，给人以熊熊大火升起的感觉，所以有了火山的名称。

地球上的火山很多，每一座火山都有它"诞生"的过程，但是能被人亲眼见到的很少很少，因此，普里多和他的同胞们的经历就很稀罕和可贵了。这块玉米地里"长"出来的火山，成了人们研究火山的一个"活标本"，因为它靠近帕里库廷村，就被命名为"帕里库廷火山"，在普通的地图上都可以找到它。

帕里库廷火山喷出的碎屑物，最高达到 3 000 多米的高度，那些最细微的像灰一样细的火山灰，能在空中飘浮一阵再落下；在这次喷发活动中，火山周围 500 千米以内的地方，都有火山灰落下。

帕里库廷火山"诞生"后第二天，炽热的岩石熔浆从火山口北边的一个裂罅中流出，以后在火山口的东边也流出了一股。这是一种外表像熔融了的炉渣似的炽热液体，刚从地下流出时温度很高，像火一样红，一般在1 000℃左右，最高纪录曾达到1 135℃，在地上流动时好似一条火的河流，在夜晚显得格外辉煌。但在流动的过程中，会不断散失热量，首先是表面的热量散失，流得愈远，表面温度愈是降低，因而它们在离火山口近处是火红的，流得远了，就渐渐变成灰色，失去了光辉，表面也结成了硬壳，不过硬壳下的物质，还可保持液态，继续向前流动一段距离，最后全部凝结成为固体的岩石。这些从地下喷出的熔浆和它们所凝结而成的岩石，统称为熔岩。

处于液体状态的熔岩，虽能流动，但速度缓慢，刚从地下涌出时，温度高，流动性还比较强，在坡度比较大的地方流得较快。这次帕里库廷火山的喷发活动中，最快时有1分钟流十几米远的；温度降低，流动性就要差些，可以慢到一天也移动不了几米。但是只要火山还在不断喷出熔岩，这条火的河流，还会缓慢地向前推进，到达比较远的地方。1944年6月27日，和帕里库廷火山相距几千米的圣胡安镇，因熔岩的侵入，撤走了最后一批居民。在这以后，熔岩还继续流出来，据1945年11月中旬到12月中旬的观测，每天从地下涌出的

帕里库廷火山的诞生

熔岩还有三四万吨之多！在它的整个活动过程中，一共喷出了将近10亿吨熔岩，掩盖了24.8平方千米的面积。

堆积在火山口周围的东西，仅仅是火山喷出物的一小部分，但这已足够堆成一座不小的山了。在帕里库廷火山"诞生"1年以后，火山锥堆到比原来的玉米地高出336米的程度；4年以后，高出360米；7年以后，高出397米，真是一年比一年"长"得高。但是火山的高度也不是无限地增长下去的，因为它的活动终究有停息的时候，帕里库廷火山在1952年3月4日，

137

就变得无声无息，"死亡"了。

　　它真的"死亡"了吗？谁也不能肯定，说它在"睡眠"也许恰当一些，因为说不定什么时候，它又会重新活动起来。在历史上，人们多次接受过这种教训。下面就请你再看一看意大利农民的一桩奇遇，关于维苏威火山的故事吧！

再从意大利农民的一桩奇遇谈起

在意大利半岛南部的西海岸，有一个风光明媚的那不勒斯湾，这里有优良的海港、肥沃的土地，多年来就是一个商业繁盛、农业发达的地方。为了生产和生活的需要，当地人早就在这里打了许多井，还修了一些水渠。

大约在280多年前，住在海岸旁边雷新那地区的农民，为了扩大水源，把一口井往深处掏了一番，挖出了一些白色和黄色的大理石，仔细察看一下，它们似乎还经过人工雕琢，有些像大理石圆柱的碎片。地下深处怎么会有这些东西呢？继续向下挖去，一些精美的大理石雕像出土了。

农民的奇遇传了出去，渐渐引起了许多人的注意。考古学家翻开厚厚的史册，找来找去找不到满意的答案，历史只是简单地记载有：这一带原先有两座城市赫库兰尼姆和庞培，在公元79年一次火山喷发后，"城市被掩埋了"。可能就在这里吧？但究竟在哪里，书上也没说清楚。就从这里向下挖吧，1738年，有计划的挖掘工作开始了。事情还算顺利，原来农民打那口井，正好打在赫库兰尼姆圆剧场的上面。不久，这里又挖出了一批珍贵的雕像。这些收获，使人们挖掘的兴趣更大了。

但是，赫库兰尼姆城的挖掘工作进行得很缓慢，因为盖在上面的土层比较厚，压得也比较紧，人们转而想到了庞培城。

其实在更早些时候，大约在1592年和1607年，两次修水渠都穿过了庞培废墟的上面，而且挖到过古罗马的钱币和大理石的碎片；1689年找水的时候，更曾发现刻有庞培字样的石块。有人提出这里可能是庞培古城的

139

遗址。一位历史学家曾将这一发现写进他的论文，提出了发掘庞培的意见，但在当时未受到重视。

赫库兰尼姆城发掘的成就，鼓励了人们去发掘庞培古城。经过一番研究和规划，1748年，发掘庞培的工程开始了。因为这里覆盖的土层较松也较薄，少有厚度超过4米的地方；而盖在赫库兰尼姆上面的土层，则有厚达30多米的情况。发掘工作进展较快，这个后发掘的埋在地下的城市，反而更早一些重见天日。

现在庞培城已向人们展示出它的全貌。它的城墙总长约有4 800米，已可知道。赫库兰尼姆城的大小则尚不清楚，还有相当一部分埋在地下。

在这两个古代城市里，有不少建筑物保存下来了，使我们能够亲眼看到古罗马时代城市的面貌。它们简直就是巨大的历史博物馆。人们可以在1 000多年前修成的平坦的街道上行走，参观著名的古罗马圆形剧场，拜访宏伟的神庙，观赏用介壳装饰的公共喷水池。街道两旁的许多商店、住宅依然完好，住宅门上还留着主人的名字，当然主人已经不在了，屋子内壁画的颜色仍很鲜艳，许多日用品也还陈列在那里。在商店里，还能看到更多的东西：有一个水果店里的器

庞培古城遗迹

皿中装满了杏仁、栗子、胡桃等果品，当然已经不能吃了，但从外形上还可以认出来；在面包店里曾找到了一块面包，仍然保持着原来的外形，上面印着的面包商的名字也能看得很清楚；一罐潮湿的橄榄，居然也在什么地方保存下来了；在一个药店的柜台上，找到了一盒药丸，已经变成细末了，旁边还有一根小小的圆条，显然是当药剂师正准备将它切成药丸时，城市突然遭受灾难，于是被扔在那里，到现在，已一直搁了1 900多年。

还可以到兵营去参观一下，士兵们在墙上涂抹的字迹仍很清楚。在那里发现了两副人骨，这是锁在木桩上的士兵，看来在灾难降临时，同伴们都逃跑了，扔下他俩在那里等待着死亡的来临。

是什么突然的灾难，使这两座城市毁灭了呢？

在两座城市旁边的维苏威火山就是罪魁祸首，是它喷出的火山灰和其他碎屑物质把城市掩埋了。

在公元79年以前，长期以来，维苏威火山没有活动过。那里曾是一个宁静而美丽的山谷，山坡上布满了绿色的葡萄园，在山下，城市很繁荣，人口越来越多。那时正是罗马帝国最强大的时候，但是阶级矛盾也很尖锐，奴隶们在著名的领袖斯巴达克领导下曾经起义过。斯巴达克率领的起义军队，曾以维苏威火山作为根据地，在山顶上扎营，当时谁也没有想到这座山有什么危险。

可是在公元79年，这个火山"复活"了。8月24日下午1点钟左右，不平常的现象发生了，有一团形状奇特的云从山顶升起，在高空迸散，看起来好像一棵高高的平顶松树；大地也剧烈地震动，那波利湾的海水不住地翻腾起落。突然，从山顶上喷出了浓密的黑烟，响起爆炸的声音。就是那斯巴达克曾经扎营过的地方，成了火山口，黑烟不断喷出。一刹那，天昏地暗，如同黑夜降临，时而有闪电般的火焰掠过，无数的火星不断冲向天空。那些火星是喷起的熔岩，当它们落到地面时，已凝结成石块，打得大地扑通扑通地响。许多逃难的居民匆匆忙忙抓起个枕头顶在头上，用来防御石块的袭击。

大量的石块，还有火山灰，像密雨冰雹般地落下来，很快就在地面上铺起了厚厚的一层，那波利湾也被填掉了许多，以致当时想去搭救受难居民的一些船只，也因为堆在海里的火山灰和石块太多了，而无法驶进去，人们只好徒步逃生。

不仅火山灰如密雨般地降落，真正的倾盆大雨也下了起来。这是由于火山喷出了大量水蒸气，上升到寒冷的高空后凝结而成的。雨是这样的

141

大,山洪很快向下冲去,山洪挟带了大量的火山灰和沙石泥土,形成了一股巨大的泥流,城市的灾难加重了。赫库兰尼姆离山较近,首当其冲,被这泥流掩盖,所以埋得较深,上面盖着的土层也比较紧;庞培城离山较远,掩盖它的,主要是从空中落下来的火山灰和石块,所以盖在上面的土层比较松。

在云散雨停、阳光重新照耀大地的时候,这一带变得不能认识了,一切都被火山喷出的东西所掩盖,成为一片荒凉的原野。繁荣的城市消失了,除了庞培和赫库兰尼姆外,还有个史达比镇也被埋葬了。

关于城市里的居民,还有一个传说:"当庞培城被埋葬的时候,所有的人都正坐在剧院里。"但发掘的结果证明,这不是真的,剧院里没有一个遇难者的遗迹。根据当时亲眼看到这场灾难的人的记载,人们是有时间逃出的。但也有些人因为种种原因未能逃走,像那锁在兵营里的士兵;还有些人可能是在逃走的路上被砸死了,或被火山喷出的有毒的气体窒息死了。发掘时发现,在郊区一所房屋的地下室里埋了 17 个人,他们可能是自以为已经到了安全的地方,结果还是没逃出这个灾难。那些尸体被火山灰紧紧包着,就像翻砂铸型一样,当尸体分解以后,在火山灰里留下了人形的空洞。人们把石膏灌注下去,便得到了遇难者的塑像。发掘时也找到了许多动物的尸体。据目前的了解,这次灾害中可能有 2 000 多人遇难。

庞培等古城在被埋葬后渐渐被人们遗忘了,人们又在从前的城市之上开荒耕种,尽管维苏威火山以后又多次爆发过。

1036 年,是维苏威火山复活后的第七次爆发,在那次的活动中,流出了许多熔岩。在此以前的喷发中,都没有熔岩在地上流布的可靠记录。1906 年的一次爆发,流出的熔岩更多,这样,靠山的赫库兰尼姆城,又被盖上一层熔岩结成的岩石,挖起来就更不容易了。

1944 年 3 月 20 日,维苏威火山再一次猛烈地爆发,以后虽又变得比较安静,但说不定什么时候又会来一次大爆发的。

像维苏威火山这种具有活动能力的火山,被称为"活火山"。还有些火山,仅它的构造或外形上保留有火山的特征,可以和其他的山区别开来,但已无活动能力,被称为"死火山"。怎么知道它是"死"还是"活"呢?一般把人类历史上有过活动记录或传说的火山,归入活火山一类,那些在当代还不时活动的火山,自然更是标准的活火山。有些火山位于没有人烟的偏僻地方,喷发时没有人知道,也就不会有记录留下来,甚至有关的传说也没有,但有它喷出的东西在,科学家仍可以测定是否在近期喷发过。

圣海伦斯火山大爆发时的情景

活火山并不是总在活动,前面说到的帕里库廷火山、维苏威火山,现在都是宁静的,这被称为处在"休眠"状态,这休眠时期可以很长。美国西北部的圣海伦斯火山,就是在沉默123年之后,于1980年又猛烈爆发,是20世纪对人类影响最大的一次火山活动,而在爆发前,山顶上曾积满冰雪,长期显得很宁静。日本九州岛上的云仙火山,更是在休眠了将近200年后,才于 1990 年 11 月 17 日再次出现喷发活动的，1991 年 6 月，进而发生了强烈的爆发。它上一次的喷发是在 1792 年。

1991 年 6 月，菲律宾吕宋岛上的皮纳图博火山大爆发，震惊了世界，而在此以前，在世界活火山的"户口簿"上是找不到它的名字的。据研究，它上次活动是 600 年以前的事了。也有这样的火山，尽管近期有过活动，却已再没有喷发的能力，就此"长眠"下去，所以判断它们的"死""活"不是那么容易。

但有些火山，确实在很长的地质历史时期中已没有活动，有的火山不仅外形已经毁坏，通向地下的通道这些结构也已不完整，地下也已无高热物质在此聚集；还有些火山，虽然仍保留火山特征的外形，而从地质条件来分析，已无再次活动的可能，仍可确定为死火山，如我国山西省大同市附近的火山。在地球上，死火山的数目，要比活火山多许多倍。

米诺斯文化毁灭之谜

　　古希腊的文化，是全世界所熟知的古老文化，其实在地中海东部，以克里特岛为中心，包括散托临群岛，曾经存在过被称为米诺斯文化的更为古老的文化。约在公元前 2000 年到公元前 1400 年间，米诺斯文化进入了它最繁荣的时期，当时这个岛上的克诺索斯，是欧洲最大的城市，人口达 10 万之众。然而不久，米诺斯文化突然在历史上销声匿迹了。

　　这是怎么一回事？据某些史学家记述，"在克里特发生了一个神秘的悲剧，克诺索斯的伟大王宫被劫掠了，克里特的其他城市也遭到了同样残酷的命运"。据说，"很可能似乎是外来的敌军打败了或躲过了克里特海军，突然转向那些富庶的城市，劫走了丰富的财物，也许那入侵者就是从希腊半岛或者从迈西尼来的海盗"。然而此时附近并无更为强大的国家，又何来如此猖狂的海盗？现在，地质学和考古学的研究查明，破坏米诺斯文化的原来是来自大自然的敌人，是散托临群岛的火山爆发造成的飞来横祸。

　　散托临群岛位于克里特岛以北 120 千米，现在我们看到的这个群岛，是由以形如新月的塞拉岛为主体的五个岛屿组成，在平面上看，其形如环，原来它们正是一个破坏了的巨大火山口露出水面的部分，是 3 000 多年前那次大爆发后的残余。这次爆发所具有的能量，比 1976 年唐山大地震通过地震波释放的能量大几千倍。火山爆发造成的海啸，在到达克里特岛时，激起的大浪高达 90 多米，洗劫了克里特岛及其附近的岛屿，以后喷出的火山灰渣，又把那些已经残破的城镇掩埋。在塞拉岛上许多地方，这些火山喷出物堆积的厚度达到了 60 米。火山灰喷发规模之大，使地中海彼岸远隔数百千米的埃及上空，也变得满天阴霾。埃及作家在当时自己的著作中，留下了白天出现仿佛夜晚的这种奇异现象的记述。今天从塞拉岛向东南，直到 900 千米外海底，还可以找到那时喷出的火山灰堆积物。

　　这次火山爆发的准确时间已难考证，利用放射性碳同位素测定的结果表明，约发生在公元前 1520—前 1450 年间。随着岁月的消逝，这一切似乎都已成了不可捉摸的往事，然而它又确实是发生过的：矗立在蔚蓝色的大海上的，由玫瑰色、白色、灰色和铁锈那样的红色火山灰构成的塞拉岛的峭壁，就是当时这场巨大变动的历史见证。那些铺天盖地而来的火

散托临群岛的火山在 3000 多年前爆发，大量火山灰降落到东南 900 余千米外

山灰毁坏了那里的文化，同时又把它们的一部分遗迹保存了下来。在塞拉岛上的火山灰里挖出了米诺斯时代的房屋，青铜制作的工具和武器以及其他文化遗迹。其中人骨很少，说明尽管爆发如此强烈，大多数人还是安全地生存下来了；但严重的破坏，使生产力还很低下的人们无法恢复昔日的繁荣了。

刹那间的巨变*

　　地震是自然界各种变动中极为迅猛的一种。造成巨大破坏的强烈震动，通常不过几十秒，持续 1 分钟已不多，几分钟的就更为罕见。

　　在如此短促的一刹那间，造成的变化可以达到多大的规模？ 1976 年 7 月 28 日，唐山大地震让我们看到它的巨大。一刹那间，工厂、房屋林立的唐山市，大部成为一片瓦砾，桥梁塌断，铁轨弯曲，地面出现许多裂缝陷坑，有的地方还喷水冒沙以及沿着裂缝发生位置的错动、大地的面貌改观，人民的生命财产遭受严重损失，死亡 242 000 多人。

　　唐山地震还不算特别巨大的地震，它的震级为 7.8 级，世界上最大的地震有达到 8.9 级的。

　　什么是震级？这是根据地震时通过地震波释放出来的能量的多少分出的等级。释放的能量越多，震级也越高。震级每差 0.1 级，能量就要差 1.4 倍。唐山大地震的威力，据此计算要爆炸 400 个投掷在广岛的原子弹才能大致相当。

　　我国是个多地震的国家，在历史上多次发生过比这次唐山地震还要强烈的地震，被记载下来的 8 级以上的大地震就有 17~18 次，其中以 1556 年发生在陕西省渭河平原东部的 8 级大地震死人最多。据当时留下的记载："压死官吏军民奏报有名者 82 万有奇。"也就是说，有死亡名单可查的便超

---

　　*　原载《火山和地震》。

过了 80 万人。这次地震波及的地区很广,亲身经历者留下的记述特别丰富,因而在 400 多年后,我们还能窥见当地的一些情景。

这个渭河平原,是我国文化的摇篮,周、秦、汉这些朝代,都是从这里兴起的。八百里秦川,肥沃富饶,人烟稠密。1556 年 1 月 23 日,也就是明朝嘉靖三十四年腊月十二日,那天半夜,田野上静悄悄的,这一带的居民正在熟睡。突然,雷鸣般的响声把人们惊醒。是打雷吗?冬天哪里会有雷。而且这些响声仿佛来自地下,有如千军万马在奔腾。这时大地摇晃起来了,躺在床上的人,怎么也躺不稳,屋子里的家具,也纷纷坠落倾倒了。发生了什么事情呢?人们惊慌失措,睡也不是,坐也不是,还没有来得及弄明白这一切,就听见连续不断的哗啦啦的巨响,大地震动得更剧烈,房屋纷纷倒塌了。

等到五更天明的时刻,震动已缓和下来了,侥幸逃出危险的人们这才看清,原来的家园已经面目全非了。不要说普通的民房,像渭南县的衙门、学宫、庙宇、城墙这些坚固的建筑物,都倒塌了。地上还出现了许多裂缝,有的深达 60～100 米,有些裂缝中还有泉水涌出,另外一些原有的泉水却又突然枯竭了。裂缝两边的土地,有的升高,有的陷落,迅速产生沟壑。大街变得坑坑洼洼的,城门陷落到地中,道路也受到破坏,原来栽成一行的树现在东歪西倒,乱七八糟,因为土地挪动了位置。渭南城东有座赤水山竟也塌陷了,大量山石崩落在山前的平原上,使原来从山前流过的渭河不得不向北移动了 2 000 多米。

渭南附近的华阴、华县、潼关、蒲州、朝邑等县的情况,也大致相同。在华县,城墙垮得只有 30 厘米高,还有人掉到裂缝中去了。华阴有座五孔石桥被震裂,石堤也受到严重破坏。

以渭河下游为中心,周围面积约 110 万平方千米的广大地区,也都受到了震动的影响,留下了地震的记载。但距离渭河下游一带愈远,感觉到震动愈小,这表明震动的发源处在渭河下游一带的地下,这种发源处被称为震源。

渭河下游和相连的汾河下游一带，以及附近甘肃、宁夏的六盘山、贺兰山附近一带，都是我国著名的地震发源地。在1556年渭河下游发生大地震后，经过364年，到了1920年，在宁夏海原便曾发生过我国历史上另一次巨大的地震，震级达8.5级。

1920年12月16日的傍晚，人们虽然还未熟睡，但大多已回家歇息了。突然，发出一阵阵雷鸣似的响声，接着是一阵阵的房倒屋倾。所不同的是，这里的住房多数是窑洞，没有木制的屋架，不坚固，倒塌起来更容易，有的村子竟整个儿陷没在黄土之中。

在黄土构成的地面上，出现了许多裂缝，大多深几十厘米，宽约几厘米，长几米到几十米，规模大小不一。有的山头也张开了大大的裂口，终于崩塌下来，大堆的山石像一股挡不住的洪流向低处冲去，毁坏着它在途中所遇到的树木、房屋、田园……一直冲到比较平缓的地方才停下来。像在会宁县的清江驿，山上崩落的土石，把长约2 500米的一段河道壅塞，河水被这天然形成的大堤坝堵住了，很快就形成了一个湖泊。

最剧烈的震动持续了几分钟，是创纪录的长久。震动使尘土飞扬，遮蔽了天日。最剧烈的震动过去后，大地并没有安定下来，当天晚上，人们又感到了10多次较小的震动，以后震动继续不时发生。直到第二年11月30日，在那里的固原县，共记录到了511次可以感觉出来的地震。

在大地震之后，常常有较轻微的地震继续频繁发生，这种震动称为余震。1556年渭河下游大地震后，开头几天，每天大约要发生几十次地震，以后次数逐渐减少,据一个叫做秦可大的人记载,这种状况延续了10年以上。

　　不过,地震并不总是这样强烈巨大。在地球上,人能感觉出来的,但没有什么破坏作用的地震,一年约要发生近50 000次,而能造成破坏的地震,每年不过1 000次左右;能造成强烈破坏的,次数则更少。总的规律是地震越大,发生的机会越少;地震越小,出现的次数越多。那些人不能察觉,要靠仪器去观测记录才能发现的微小地震,一年约有500万次。因此,可以说大地是时刻都在震动的,地震并不稀奇,但那些给大地面貌带来巨变的强烈地震,确是百年难遇的。但它们会造成山崩、地裂、海啸等等,都给人们留下了深刻的印象。

山　崩[*]

四川省西北部的岷江上游，群山夹峙，水流湍急。这里的河岸又高又陡，到处崎岖不平。但是在松潘县城南边约 120 千米处，岷江东岸的半山间，却有一块沙石堆积的比较平坦的地盘，在地质学中被称为阶地。它的面积只有 2 平方千米左右，不过已足够修建一些房屋供来往旅客歇脚了。远在唐朝初年，在这里已筑起了一座小城，取名翼城，明清后改名叠溪。

叠溪城建成后，1 300 多年过去了，在这偏僻的地区，似乎是古城依旧，山川如昔，没有什么变化。其实，一场剧变已在酝酿，只是当时人们没有注意到罢了。

1933 年 8 月 25 日，叠溪出现了罕有的酷热，下午 2 点半，许多人还在家里吃午饭，突然地下发出隆隆的巨响，顿时平静的地面好像一条小船在风浪中颠簸，人在地上站立不稳了，匍匐也难前行；房屋也摇晃起来，顷刻成了瓦砾堆。附近的山上，只见沙石崩落，尘土飞扬，遮天蔽日；震动发生后 3 小时，才尘消雾散，能够看清大地的面目已非旧观。只见叠溪古城东部已被滚落的山石掩埋，西部则连同那沙石构成的地基一起垮落到岷江之中，在岷江里拦腰筑起一座高达 160 米的大坝。与此同时，北边的岷江上也堆起了两座这样形成的坝，很快形成了三个湖泊，岷江断流 43 天！到 10 月 7 日，才有江水漫过这天然堆成的石坝流走；又过了 2 天之后，靠近古城

---

　　* 原载《火山和地震》。

的这个坝溃决了,湖泊消失,但另外两个湖则至今犹存。

叠溪古城对岸有个龙池山,山上有个湖就叫做龙池,是这里的名胜,现在也山崩湖涸,另是一番景象了。城北有一座走向东西,形象如蚕的蚕陵山,更沿山脊产生了一条断裂带,南降北升,上下错位,露出了北边那一半的断裂面,远在几千米之外都能看见。

这是一次 7.5 级地震引发的山崩。

在帕米尔高原上,地震曾经引起过更大规模的山崩,在一刹那间就形成了高 600～700 米、宽约 8 000 米的堤坝,组成堤坝的土石,估计重达 60 多亿吨。

那是在 1911 年 2 月 18 日夜间,强烈的地震在帕米尔高原上发生,靠近穆尔加布河的山崩塌了,筑起了这个大坝。

大坝拦蓄着河水,新生的湖泊不断在扩大自己的范围,萨列兹村被淹没了,以后人们就把这个湖叫做萨列兹湖。现在它的面积已达到 50 平方千米左右,最深的地方将近 500 米,湖水漫过大坝,流入巴尔坦格河,突然跌落,水力强大。据调查,如果在这里修建水电站,发电能力可以达到 100 万千瓦。

1897 年 6 月 12 日,印度东北部阿萨密大地震,使 32 千米长的山脊上的土石及森林一时崩落,裸露出里面白色的砂岩,在日光照射下,远处也能望见。

山崩,是强烈的地震在山区发生时常见的一种现象,如果山峰峻拔,或者构成山峰的岩石结合得不巩固,更容易崩塌。我国多山,发生山崩的机会也就多了。

也有些山崩现象不是地震引发的,而是由于山石剥落受重力作用产生的。在雨后山石受润滑的情况下,也能引发山崩;而由于山崩,大地也会震动。在这种情况下,因果关系就颠倒过来了,不是地震引起山崩,而是山崩引起地震。

海　啸*

地震在山中发生，容易引起山崩；在海底发生，则有可能造成海啸。

在广东潮州、汕头一带，许多老人还记得，几十年前，这里发生过一次奇怪的水灾，那淹没田园的洪水，既不是暴雨从天而降，也不是河水泛滥成灾，而是从海里倒灌上来的。不少人以为这是风把海水刮到岸上来了，其实不是，这是地震干的坏事。那次水灾发生在1918年2月13日，那天这一带的海边，正好发生了强烈的地震。

朝水里扔下个石子，尚且要激起阵阵波浪，何况受到了剧烈的震动！这种时候，就是无风也会掀起巨浪，波涛汹涌，狂澜四起，海面一会儿涨高，一会儿又下落，简直失去了常态，这就是海啸。当海浪冲上了陆地，便产生了奇怪的水灾。

日本是个岛国，地震又多，更经常受到海啸的袭击。1923年9月1日，东京横滨附近的海底发生大地震，震动激起的巨浪冲到岸上，在它退回海中的时候，把868所房屋卷走了，在海上还有8 000艘船舶为浪涛所吞没。

近在1960年5月下旬，日本有些地方又一次受到海啸的袭击，10多万人被害得无家可归，可是这里并没有发生地震。

是哪里发生了地震呢？原来是远在10 000多千米以外的智利发生了地震，这次地震引起的海啸竟波及了日本！

---

* 原载《火山和地震》。

　　智利在南美洲西部,东倚绵亘高峻的安第斯山,西临狭长深邃的海沟。这里的地震频繁而剧烈,多次受到海啸的洗劫。1835年2月20日,康塞普森城的毁灭最为惊人。

　　康塞普森城本是一个靠海的城市,经常受到海啸的威胁。1751年的地震使它毁灭,海水冲了进来,城市成为一片废墟。在这次灾祸以后,人们重建城市,特地把新城建筑在离海16千米远的地方,希望能避开海啸的袭击,谁知道结果还是没有逃脱厄运。

海啸威胁城市

　　1835年2月20日上午10点钟,一大群海鸟经过康塞普森城上空向内地飞去。在平常是看不到这种情况的,是什么东西惊动了它们呢?人们哪里知道这就是大地震将要来临的预兆。原来这时大地已经开始轻微地震动了,海鸟在这方面的感觉特别灵敏,可是人还蒙在鼓里。

　　到了11点40分,康塞普森城的居民也清楚地感到大地在震动了。开头还比较轻微,但在半分钟后就马上变得强烈起来,大地像船只在风浪中一样摇荡,人在地上很难站稳,房屋也摇晃得很厉害,几乎就要倒塌了。这种状况持续了1分多钟,一阵更剧烈的震动袭来,已经快要倒塌的房屋实在支持不住了,纷纷土崩瓦解,仅仅6秒钟的时间,城市就变成了瓦砾堆。这一阵剧烈的震动,经过了2分钟才缓和下来。你不难想到,它所造成的破坏,有多么巨大。

在人们感到地震后大约 1 刻钟,海水突然从康塞普森的外港塔耳卡瓦诺向海中退去,退却了大约 1 600 米那么远,露出了大片多年不见天日的海底,许多船只,包括那些停在水深 13 米的地方的船只也搁浅了。

海水后退没多久,又涨潮一般地向大陆反扑过来,当它冲上海岸以后,激起了白色的浪花,比平时最高的潮水还要高出 7 米左右。它以雷霆万钧之力,摧毁着遇到的一切,海岸炮台上一尊重约 4 吨的大炮,也被它掀动了 4 米多远,更不要说那些已经崩塌的房屋了。海水向大陆冲了一段路程,然后又退回到海里。这样进进出出一共 3 次,一次比一次巨大,在它退回海中的时候,把凡是能带动的东西都卷走了。已经残破不堪的城市,又受到它的洗劫。3 月 4 日,正在作环球旅行的达尔文来到这里,只见海边上到处散布着桌椅、书架、木梁、屋顶、大袋的棉花和茶叶以及其他许多从仓库中冲出来的商品,好像有 1 000 艘大船在这里遇了险。这些东西还不过是海水退却时留下的一点残余,更多的东西已经被大海吞去了。

幸亏海浪向岸上推进的速度不算快,人们来得及跑上高处避难,这里的居民对海啸又早有警惕,一见它来势汹汹,情况不妙,早就拔腿逃跑了,因此大多数人都得救了。

1755 年 11 月 1 日,葡萄牙的首都里斯本发生地震,海水也是先退后进,浪头比原来的海面高出 15 米以上。附近海上的船好像触了礁,船上的人不由自主地跳了起来。滚滚浪涛传到了非洲的丹吉尔,使那里的海水突然起落了 18 次;传到了加勒比海的马提尼克岛,使那里的潮水比正常的时候高出 5 米多;爱尔兰南部的城市金塞尔,也受到它的袭击,一股海水灌进了那里的市场。

远离地震发源处的滨海地区,也会受到海啸的威胁。地球上地震频繁而剧烈的地区大多靠着海洋,因此海啸并不是罕见的现象。

不过也不是只要在海底发生地震就能引起海啸,还需要此时海底产生剧烈的地形变动。有些地震是能产生这种变动的,这时海水会因地形的突变而陡起陡落,激成一种特别长的大浪,当它推进到水浅的海域时,就会出现前面我们见到的海啸。由此我们也不难想到,地震如果发生在海底水浅的地方,即使同时有剧烈的地形变化,也难以产生海啸的。产生海啸的地震的震源,多数在那种靠近深海沟的地方。

地层断裂了*

　　1755年葡萄牙首都里斯本地震时，许多人逃到一个用大理石新建的码头上避难，原以为它是个安全的地方，因为房屋倒塌时崩落的瓦砾不容易达到这里。谁知道这个码头却是个更要命的地方。突然，整个码头连同上面的人，都沉到海里去了，再也没有升上来。同时沉没的还有停泊在海湾里的许多船只，海底像一个魔鬼张开大口，把这些东西全都吞噬了。是的，真是有这样的巨口，原来大地在这里裂开了，当码头沉陷以后，它又闭合起来，所以沉陷的东西再也没有浮起来。

　　另有一个例子。在1923年东京地震以后，对附近的海底进行测量的结果表明，海底的地形有了很大的变化，那里发生了断裂并且错动了位置，裂缝两边的海底，一边上升，一边下陷，高低相差达270米。1933年叠溪地震后，在北面的山中，可以清楚地看到，原来连续不断的岩层，像一刀两断似的错开了，裂缝长达600米，上下错动约80米。

　　在日本的浓尾平原上，地震留下的断裂处升沉的痕迹，尤其明显。

　　浓尾平原在本州岛的腰部，三面环山，南临大海，平原上阡陌纵横，稻田广布，是著名的大米产地，被称为日本的大花园。1891年10月28日清晨6点多钟，大地突然剧烈震动起来，房屋像纸糊的纷纷倒塌，一下子就毁坏了27万多所。河边的大堤也被震裂了，大约有500千米长的堤防需要

---

　　*　原载《火山和地震》。

地震后形成的巨大台阶

重修。等到剧烈的震动停止后，人们惊魂稍定，举目四望，只见大地已改变了模样，地震前整整齐齐连接在一起的田间小路错开了；房屋树木都像自己会走路似的移动了位置；本来在南边的树跑到北边去了；本来挨得很近的邻居，现在变得不相邻了；本来笔直的铁轨，现在变得弯弯曲曲的了。

这是因为地下出现了裂缝，裂缝两边的土地错动了位置，裂缝所过之处，不管是房屋还是道路都一劈两半，有一条裂缝自东南向西北绵延 100 千米左右，裂缝两旁的土地沿水平方向错动了 3 米多，升沉最厉害的地方则达到上下相差 6 米，在本来平坦的田野上形成一个巨大的台阶。

100 千米长的裂缝是很长了，可是 1906 年 4 月 18 日，美国西部太平洋沿岸一带地震，出现长达 450 千米的裂缝！因此，房屋、篱笆、道路……被错动了的现象，更加显著和普遍。许多埋在地下的粗大的自来水管也断裂了；旧金山因震动而失火后，却没有那么多的水去扑灭，以致烈焰纷飞，不断蔓延，受到焚烧的地区，面积超过 10 平方千米。经过地震学家研究，原来这一带的地下早就存在着裂缝，不过裂缝两边的地盘暂时处于稳定状态，所以平时不感到震动，后来它们滑动了一下，于是强烈的震动发生了。

1556 年渭河下游一带的大地震，也是由于在渭河平原与华山秦岭之间的地下，早就暗藏着裂缝，裂缝南边的地盘曾经多次上升，北边的地盘则不断下沉,因此形成了悬崖绝壁和平原紧相连接的地形,这回是裂缝两边的地盘又一次升降,所以产生了剧烈的震动。

六盘山、贺兰山和它们山前的低地之间,也都存在着裂缝,山区是上升的一边,平地是下沉的一边,至今还不时升沉变动,所以经常发生地震。

1835年智利大地震后,康塞普森城西南有个圣玛丽亚岛升高了3米左右,海岛边上原有一片经常位于海面下的石滩升出了海面。在这次大地震以前,1822年另一次智利大地震,更有大规模的上升现象,估计约有25.9万平方千米的面积上升,平均升高将近1米。而在1960年智利大地震后,观察到智利南部320千米长的海岸,普遍下沉3米之多。

1973年2月6日,我国四川西部甘孜藏族自治州发生7.9级强烈地震,地面也形成了很大的裂缝。

仔细观察起来,绝大多数地震,都是地壳中的岩层发生断裂错动造成的,这种地层断裂并移动了位置的现象,被称为断层;这类地震也就被称为断层地震。有的断层地震是原有的断层重新活动而造成的,有的则是由于新产生了断层而造成的。1891年日本地震的断层,就是新出现的;1906年美国西部的地震,除了原有的断层重新活动外,也有新的断层产生,在旧金山的地下就正好有一条新断层通过,所以震动特别强烈。

唐山大地震的发生,也是由于地下有断层存在。在这次地震中,不仅可以测出断层两边的地盘在水平方向及垂直方向都发生了相对的位置移动,而且有的地方在地面上也能清楚地看出来;水平位移的距离最长有1米多,垂直位移的距离也有几十厘米。

也是在1976年,2月4日发生在危地马拉的7.5级地震,使这个国家的北部至少向西推进1米以上,有的地方水平错动

甘孜地震造成的地裂

距离达到 3.25 米。

但也有些地震，看不出地层断裂升沉的现象，这可能是断裂发生在很深的地方，没有对地表造成显著的变动。像浓尾平原上的台阶那样容易看出的断裂错动现象是很少见的，许多断层需要我们调查研究了那里地下的岩层才能认出。地震时地面出现的裂口，并不都是地层断裂错动，有许多是地表的土石被震开了，或者由于其他的原因造成的。

大多数地震是地下原有的断层又突然快速错动而引起的，少数是由于地壳受力破裂产生了新的断层而发生。据统计，我国 7 级以上的地震，80%以上出现在下面有断层的地带。

在地壳中，存在着许多断层，不过并不是任何断层都会继续升沉错动的，有些断层已经不再活动了。地震的产生，主要出现在那些今天还在强烈运动着的地区。那些还具有活动性的断层，特别是它们的端点、转折处和两条以上断层的交会处，最易成为地震的震源。

打开地下宝库的钥匙*

地质学家的谜

淝水静静地从八公山前流过,这儿是历史上著名的战场,就是那使得秦王苻坚感到"草木皆兵"的地方。多少年来无数的人从山下走过,谁也没有发现什么矿。

1946 年 6 月,地质学家谢家荣和他的伙伴来到这里,山上山下跑来跑去,最后他们作出推断:山前的地下,有着丰富的煤田!

随后搬来了机器,从 9 月 30 日起,开始向地下钻眼,仅仅钻了 7 天,在地下近 20 多米深的地方,果然碰到了煤层,这层煤足足有 3 米多厚。1 年以后,探出的煤已有 24 层,其总厚度是 39 米左右! 现在,这里成了在五年计划中占有重要地位的矿山。

类似这样的事情并不算少,往往在一般人看来很平常的地方,地质学家却跑来宣布:这是块宝地,地下有这种或是那种矿产。

你呢? 你什么也没有看见。

难道地质学家长着封神榜上杨任有的神眼? 不是,他不过是掌握了发

---

* 原载 1957 年少年儿童出版社《打开地下宝库的钥匙》。

现矿产的规律,得到了打开地下宝库的钥匙。

钥匙藏在哪里呢?藏在石头里。为了掌握它,我们便要研究地球上的石头。

我们地球的外壳是石头构成的,大约有 15 ~ 70 千米厚。现在我们采矿的活动,仅在它的上层约 5 千米厚这一部分。

任何矿藏都躲在这石头的海洋里。

石头是矿物的堆积体。

矿物呢?矿物是几种元素在自然中生成的化合物,比如黄铁矿是硫和铁的化合物;也还有少数矿物是在自然界中单独存在的元素,比如天然金、硫黄等。

地球上矿物的种类很多,我们已经知道的就有 2 000 多种,目前对我们有用的不过 200 多种。

对我们用处不大的矿物,纵然聚集得很多,也不能称为矿产;对我们有用的矿物,如果太分散,不便于取用,也不能成为矿产。

矿产是又要有用,又要集中。

在许多石头中都有含铁的矿物,但由于铁的含量太少,这显然不能当做铁矿来开采。

其实铁在地壳中并不算是含量很少的元素。

有人对地下 16 千米以上这层地壳进行了分析,平均算起来,铁仅占了这部分地壳总重量的 4.2%,最多的是氧(49.13%)、硅(26%),此外像铝(7.45%)、钙(3.25%)、镁(2.35%)、钠(2.4%)、钾(2.35%)、氢(1%)也比较多,其他的元素都不到 1%,像铜只占万分之一,银只占千万分之一。

要是元素在地壳中总是这样平均分布,我们就无矿可寻了。

幸而在地壳中,元素没有中止过运动,在合适的条件下,它们就生成有用的矿物,并且大量聚集起来,成为值得开采的矿产。

元素在地壳中是怎样聚集起来的呢?

这就是我们要掌握的找矿规律之一。

黑口湾的故事

在《一滴水旅行记》(阿尔汉格里斯基著,少年儿童出版社出版)这本书的开头,有个黑口湾的故事。黑口湾是里海东岸的一个海湾,又浅又大,一条宽宽的水道将它和里海相连,海水汹涌地流进来,可是不见再流出去,就像海湾底下有个无底洞,再多的海水也装不满。

100 年以前,一支探险队来到这里,有个勇敢的人席列布卓夫,坐着小船在海湾里找了好几天,他调查的结果证明,这儿没有什么无底洞。

可是海水上哪儿去了呢?

上天去了。原来这个海湾的周围是火热的沙漠,海湾简直像只大锅子,锅子里的海水受着高热的煎熬,水分蒸发了。

海水中不光是水,还溶有各种各样的盐。水分跑掉了,盐留了下来。

这里的蒸发进行得很快,虽然不断涌进了海水,但也仅能维持海湾不致干涸。水没有增多,可是盐却愈来愈多了。不幸的鱼儿从里海游进海湾,一会儿就翻转肚皮死去了,这是由于水中的盐分太浓了啊!

多少水能溶解多少盐,是有个限度的,多余的盐不得不从水中分离出来,沉积在海底。

盐的种类很多,它们从水中分离出来的早晚也不是一致的。当有的盐类物质,像石膏感到在海水中太挤,待不下去了,沉淀在海底的时候,另外一些盐类,像食盐住在海水中却觉得很宽敞,必须等到海水中的食盐增加得更多,这才沉积到海底,成为岩盐。

这样,海湾像个"化学工厂",替我们把有用的盐类分别集中起来。像石膏、岩盐、芒硝、天然碱、硼砂、光卤石……许多矿产,多半是在类似黑口湾的海湾或内陆湖泊中形成的。

不过这种"化学工厂"的生产是有条件的,如果那里的气候既不炎热又

163

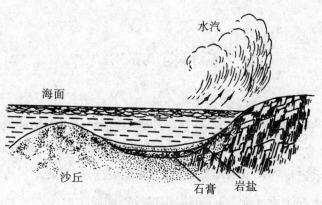

水汽

海面

沙丘

石膏　岩盐

海湾里的盐是这样堆积起来的

不干燥,海湾就不会像只被火烧的锅子,上面那些矿产也就不能造成了。

那么,"工厂"的生产是不是停顿了呢? 不,它往往又找到了别的工作。原来有些矿的生成不是由于海湾起了锅子的作用,而是由于几种元素在水中相遇,它们结合起来生成了不易溶解的矿物,沉淀在水底便成为矿产。这种作用不限于海湾,在湖泊、沼泽中都有。

在"工厂"中有时还有"工人"来帮助工作。这就是细菌,说它是"工人"是很不妥当的,因为它并没有想到造成什么矿产,只是为了自己要吃东西。有的细菌喜欢吃铁,有的细菌喜欢吃锰。自然,它们吃下去并不能使铁、锰化为乌有,相反的是替我们从中搜集了大量的金属,并使它们沉积起来。一个细菌是渺小的,但是无数个细菌长期的积累,也就能聚集起巨大的矿藏。

铁矿、锰矿、铜矿的一部分,就是在上面这种"工厂"中造成的。

工厂要生产,就得消耗原料。海水、湖水中的原料是哪里来的呢?

是水从地壳中带来的,水把石头中能够溶解的物质都溶化了,不能溶解的物质就被水冲走,直到水流的力量微弱,实在带不动了,才把它们扔下。

"万川归大海",每年全世界河流带到海洋中的溶解物,达到几十亿吨。

大量的物质被水从石头中带走了,但是有些矿物却仍然顽强地留了下来。由于许多元素跑掉了,它们在这里所占的比重便大大提高了,以致可以当做矿产来开采。像提炼铝的铝土矿,烧瓷器用的高岭土,大都是这样生成的。

我们不要忘记,当水溶解了石头中的一些物质以后,并不是全部流到海里,还有一部分是渗入到地下,它们有的在地下的裂缝或是空间中沉淀起来;有的和地下的石头发生作用,慢慢地把原来在石头中的一些元素排挤出去。这样,厚厚的石灰岩,竟可以变成褐铁矿!在我们看来非常平静的地下,却充满了斗争。在地下沉淀和斗争中生成的矿产种类很多,有铁、锰、铜、钒、重晶石、石膏、菱镁矿……但是埋藏量往往不很大。

如果水在地上碰到的不是普通的石头,而是已经生成的矿石,那么它可以把矿物溶解,带到地下再一次堆积起来,这样也可能生成有价值的矿产,像部分铁、钴、镍、铜、铅、锌等金属矿,就是由这种原因生成的。

那些被水花了相当力量才带走的不溶物质,有时也能成为矿藏,当水流突然缓和时,它们便大量堆积起来,像山麓、河口、洼地、河流弯曲处,都是它们的藏身之所。金、锡石、石英、磁铁矿,金刚石和宝石等,就可能形成这类矿藏,因为它们不怕磨损,也不怕风化。

水,是把地壳上分散的元素集中起来的勤劳工人。

"生物工厂"

在我们日常生活中,碳是最容易接触到的元素。我们吐出的每一口气中都含有碳元素。全人类每年大约将 2.7 亿吨碳吐到空气中。

碳在我们的印象中,是地球上特别丰富的元素。最上等的无烟煤就含碳 95% 以上,这些煤在地下聚集成大片的煤田,一层就厚到 100 多米,宽广到几千平方千米。

然而地壳中碳的含量只不过占到各种元素总量的 0.35%。

这么多的碳是怎样聚集起来的呢?

这是另一个"工厂"所做的工作。

165

这个"工厂"今天还在继续不断地工作哩！它就是植物。植物的根从土壤中吸取水和溶解在水里的无机盐，植物的叶从空气中吸来二氧化碳。大气中的二氧化碳可多啦！

"工厂"所需要的原料是不缺的，可是还需要有动力才能开工。动力是什么呢？是阳光。

经过"加工"的原料，变成了脂肪、淀粉、糖，它们都是碳、氢、氧的化合物，供应着植物生长的需要。这样碳就在植物体内定居下来了。

当气候温和、雨水充足的时候，植物就长得特别茂盛，这说明原料和动力都充足，"工厂"的开工情况很好。可是原料会不会消耗完呢？

假如空气中没有了二氧化碳，"工厂"就不得不停工、关厂；植物死亡了，依靠吃植物的动物也就跟着灭绝，那些食肉的动物最后也没有东西吃了，大地上将没有一点生机。

幸而空气中的二氧化碳永远用不完，除了动物吐出来的二氧化碳以外，它还不断地从水里和地下得到补充。因为动物吃下去含碳的东西，一部分被留下来，另一部分制成二氧化碳送到空气中；当动植物死亡以后，它们的尸体慢慢腐败，碳又会从尸体中逃出来，变成二氧化碳再跑到空气中。

不过，并不是所有尸体的遭遇都相同。在那沼泽中的丛林下，大量的落叶和死树堆积在阴暗和潮湿的地上，这里有的是水和烂泥，然而空气却很少。植物尸体中的碳要想逃出去，就需要许多空气中的氧来和它结合。

于是，另一种变化发生了，沼泽中的许多细菌进行了分解尸体的工作。它们的工作很有价值，把尸体中的碳保留在地下了。

碳元素开始了新的集中过程。

植物的尸体埋在地下经过了若干万年，变成烂糟糟的黄褐色的一团，质地疏松，常常吸收大量的水，碳的含量也就大大提高了。在植物的组织里，碳的含量通常不过占40%左右，而在这种物质中，碳的含量可以达到50%～60%，我们叫它做泥炭。

泥炭和植物原来的样子完全不同，不过在它的中间，常常还保留一些没有变化的植物纤维,从这纤维上,我们看得出来它是由植物变来的。

煤层中的植物遗迹

又过了不知几千几百万年,森林早已消失了,沼泽中盖满了泥沙,泥沙又变成了石头,泥炭埋到地下去了,它受着沉重的压力,加上地球内部热力的烘烤,使得泥炭中的碳聚集得愈来愈紧密,其他的物质却逐渐跑掉了,最后它变成了乌黑发亮的石头,这就是煤。煤在地下埋藏得愈久,所含的碳就愈多,火力也就愈旺。

当你烧煤的时候,你没有想到这就是亿万年前的树木吧。煤,的确更像石头,不像树木,只有把它磨成薄片,拿到显微镜下去看,才会发现煤中有植物的花粉孢子。细心的人还可以用肉眼找到煤层中含有树叶或树干的痕迹。

在那安静的海湾下,正在进行着另一种变化。曾经有过大量的浮游生物在这种海湾里繁殖,其中有动物也有植物,它们和水中其他生物的尸体一股脑儿沉在海底,跟软泥混在一起。由于上面有一层静止的水,后来又盖上了泥沙,保护着这些尸体不受空气的破坏。可是细菌却来帮忙了,把尸体进行分解,这回留下的不只是碳,还有氢。

碳和氢结合在一起,成了一个大家族,这个家族中含碳少的成为气体,就是天然气;含碳较多的成为液体,这就是石油。它们都需要有不透水的石头盖在上面,才能关闭在地下。这石头哪里来呢?就是那盖在生物尸体上面的泥沙所变成的石头。

还有些生物的尸体堆积在海底,后来造成了磷矿和石灰岩(碳酸钙)。在动物的骨骼中含磷是很多的,特别是鱼骨;另一些动物的甲壳和骨骼中含有许多钙。磷和钙分别在海底集中起来,成为矿产。动物的身体中为什么会有这些元素呢?这是通过吃东西后吸收得来的。

原来,生物也是一个聚集元素的工厂。

167

在"死鱼河"的秘密后面

西藏高原上,有一条奇怪的河流,每隔一定时刻,河面就浮起了大批死鱼,一批又一批。这条河对于鱼类来说,是个死亡的陷阱。

鱼儿为什么会死呢?

探险家后来发现,在河底的一个地方,每隔一定时间就涌出一股滚热的泉水,正碰上这股热水的鱼,虽然不致完全煮熟,但也逃不了死亡的命运。

这种滚热的泉水在我国许多地方都有,北京、南京、重庆、西安附近都已有发现,并被用来沐浴。

但是泉水为什么会热呢?

泉水是从地下来的,泉水很热,说明地下更热。地下的确是很热的,在东北鹤岗煤矿,当地面铺满了白雪的时候,矿井深处却温暖如春。

许多地方的调查证明:在地壳中愈深愈热,大约每下降3米多,温度就要升高1℃。这样算起来,在3万多米深的地壳中,就该有1 000℃以上,石头也会熔成液体了。地壳里的压力也很大,比地面上的大气压力约高3万倍以上,强大的压力使熔融的物质不能随意流动,仍然保持固体的状态。

可是一旦地壳上发生了裂缝,或是别的什么变动使得压力减轻了,这些熔融物质马上就活动起来,向地面上冲去,这时我们叫它做岩浆。

岩浆是一种成分非常复杂的高热液体,里面是熔融的石头、水和各种气体。水和气体本来早该分离出来的,只是因为压力太大,才不得不和熔融的石头混在一起。

当岩浆冲出地壳来到地面时,人们说火山喷发了。在这个时刻,岩浆中的气体和水蒸气便不再受压力的束缚,直冲向高空,看起来像一根巨大的烟柱;那些熔融的石头就在地上流动、焚烧、冲击着它遇到的一切,处处给人一种"火"的感觉。

火山喷出的气体中含有许多元素，可惜聚集起来的很少，大多数都散失在空中，只有硫、雄黄和雌黄（都是硫和砷的化合物）等在火山附近聚集起来，成为矿产。日本是个多火山的国家，所以硫的产量很高。

那些在地上流动的液体喷出物，冷却后成为石头。有一些液体物质还被喷到高空，然后冷凝成细屑，再落下来一层层地堆积在一起，这些细屑物质是水泥的老祖宗，古罗马人用它来建筑巨大的宫殿，至今还能用来掺和水泥使用，因此也可算作一种矿产。

并不是所有的岩浆都能冲出地面，更多的岩浆被囚禁在地壳内，这里面活像一个熔炉。

矿产挨着"熔炉"有秩序地排列起来

当岩浆向地面进军的时候，一路上遇到的石头都被它熔化了，同时越往上走地壳的压力越小，岩浆也就更活跃了。但是也有一个致命的弱点在发展，这就是它在沿途散失了不少的热量，走得愈远，热量散失得愈多，岩浆的活动力也就逐渐小了，因此岩浆上升到一定地方就停留下来。只有在地壳薄弱的地带，才有火山出现。

囚禁在地壳内的岩浆，要经过很久很久才能冷却下来。岩浆中差不多包含了地壳上所有的元素。由于岩浆在地下是缓慢地冷却的,所以能使元素分别聚集起来,成为矿产。

你做过这样的试验吗? 把油和水装在一个杯子里,用筷子搅几下,油就成为一个个小圆球散在水里,让它静静地搁置一段时间后,因为油轻水重,油都聚集在杯子的上部,下面全是水。

在地壳中也有这样的作用,一部分沉重的岩浆往下坠,这部分岩浆中铁和镁两种元素含得很多;另一部分较轻的岩浆向上部集中,这里面硅和铝很丰富。于是矿产初步的分家形成了。

由于岩浆的热量慢慢在散失,温度一点点降低,一些只有温度很高才能熔化的矿物开始分离出来凝结成固体,尽管这时温度还超过 1 000 ℃。这些矿物多半是在石头中常见的石英、长石、云母这些东西,它们给我们组成了大量的石头,这些石头中最常见的一种就是花岗岩。这一段分离工作是不太叫人满意的。温度降低到 700 ℃左右时,还没有生成多少矿产,在上部的岩浆中仅仅有些磁铁矿,因为它很重,聚集在“熔炉”的底部。幸而在下部较重的岩浆中还分离出来一些铜、镍、铁、钛、铬这些有用的金属,它们和别的元素化合起来,聚成矿产。贵重的矿物金刚石和白金也是这个时期生成的,不过仍然很分散,往往还得劳驾流水来搬运堆积。

当岩浆中大量的物质凝结出去以后,剩下的岩浆中,水汽和气体所占的比重就大大增高了,这使得残余岩浆的活动性增强。因为水汽和气体在岩浆中就像孙悟空关在八卦炉中一样,一心想逃出去,它们的含量愈多,岩浆就愈不稳定。

如果地壳的压力很大,水汽和气体就不容易逃走,只好留在岩浆里,不过并没有死心,只要地壳哪里有一道哪怕是很细小的裂隙,它们也会钻出来。

自然,它们还是没有跑掉,岩浆在裂隙中冷凝下来,造成了许多形体巨大的矿物,像绿柱石、蓝宝石、水晶、黄玉……以及许多含有稀有金属的矿物。

在岩浆钻进裂隙中时,它会接触到别的石头,如果这些石头所含的元素和它相近还好一点;要是大不相同,岩浆中的一些元素就会跑到周围的石头里去，同时石头中的一些元素还会熔进岩浆里来，生成一些新的矿物。重要的研磨材料——刚玉就是在这种场合形成的矿产。

有时地壳的压力不能迫使水汽和气体留在岩浆里，就会像打开汽水瓶子的盖一样，气跑了，液体留了下来。

不过在地下跑路并不是很方便的，一路上碰到石头的阻拦，石头中一些元素把水汽和气体中的一些元素留下来，结合成矿物。又因为愈靠近地面，温度、压力都降低了，环境起了变化，原来在气体中结合得很好的元素，比如锡和氯、氟，到这里也闹着要分手了，锡和水汽中的氧结合起来成为锡石。在气体和水汽前进过程中形成的矿产，还有铁矿、钨矿、铋矿、砷矿等。

岩浆的温度继续降低，直降到374℃时，水蒸气已经可以开始凝结成水了。自然，这种水的温度很高。这热水溶解了大量物质，成为一种含有许多种元素的溶液，沿着地壳中的裂隙上升，它行动起来可比岩浆活泼多啦。一路上它和碰到的石头发生变化，一些元素集中到石头里去，同时，石头中的元素也跑到溶液中来，在旅途中愈是上升，溶液的温度愈是降低，不断地有矿物从溶液中跑出来。最先跑出来的是锡石、钨矿、钼矿……紧接着分离出来的有金、银、铜、铅、锌、钴、镍、钙、镁等许多金属的矿物。

当温度低到175℃以下时，差不多溶液中所有的矿物都分离出来了，最后一批跑出来的是水银、锑、砷、钡的矿物以及萤石、方解石、菱铁矿（铁的碳酸盐）等许多矿物。

这些矿物聚集在地壳中的裂缝或是空洞里，成为重要的矿产，许多有价值的金属矿都是这样生成的。

地下熔炉成了集中地壳里的元素的另一种"工厂"，熔炉的中央冷却后就结成石头，在它的边缘和周围的石头中就生成许多矿产，并且都是有秩序地排列着。那些在高温下生成的矿物一般聚集在靠近炉子的地方，那些在低温下生成的矿物是在距离炉子较远的地方。不过，在自然界中变化是复杂的，有时，矿物也并不严格遵守秩序，这只是个大致的规律。

石头告诉我们些什么

在造成矿产的过程中也造成了石头。或者说得更准确些,是在造成石头的过程中形成了矿产,因为石头要比矿多得多,矿藏在石头里,就像大海里的一根针。

大部分石头是在地下熔炉中造成的,还有少量的石头是岩浆跑到地面形成的;它们是一母所生,都叫火成岩或是岩浆岩。不过,在地面凝结的石头里,矿物颗粒都很细;在地下深处凝结的石头中,矿物的颗粒很粗。像花岗岩就是著名的火成岩。

火成岩常常一大块一大块地出现,通常比较结实,它占去了地壳的一大部分。但是在地面上碰见的火成岩并不是很多,因为它本是埋在地下的,只是因为地壳上发生变动,把它头上盖着的石头搬走了,这才露了出来。

盖在火成岩上的是什么石头呢?常常是海洋、湖泊、沼泽里的泥沙堆积变成的石头,这叫做沉积岩。泥沙本来也是石头,这些石头有火成岩,也有早些时候生成的沉积岩,它们在地面上受着日晒雨淋,慢慢破裂,大块变小块,小块变泥沙,然后被流水、风、冰川带到低洼的地方堆积起来;这些泥沙静静地躺在海底、湖底、山麓……一层层愈来愈厚,在下层所受的压力也愈来愈大。长年累月,过了很多世纪,泥沙变成了石头。有时候,有些另外的物质钻到泥沙中把它们胶结起来,使它们变硬。前面说到的一些矿产的形成,正是在这个过程中进行的。

沉积岩由于泥沙的性质、颗粒的粗细、颜色等的不同,看起来是一层一层的,像书页一样,很容易与火成岩区别开来。

沉积岩在地壳中所占的分量,比火成岩少得多,但是陆地表面的大部分为沉积岩覆盖,因此也很重要。

火成岩和沉积岩在生成以后,如果受到巨大的压力、热力等作用,可以重新调整内部的组织，变成新的岩石。比如大理岩就是石灰岩受热变成的，这类石头叫做变质岩，它们往往兼有火成岩和沉积岩的某些特性。

找到了火成岩就等于找到了古代的"熔炉"，找到了沉积岩就等于找到了古代的海洋、湖泊、沼泽……

这下子我们找起矿来就不至于漫无边际了。

但是，同样是在水中堆积的矿产，有的是在沼泽里，有的是在滨海……我们能不能进一步认出这些区别呢？

区别是有的，比如在海洋中造成的沉积岩，大都面积广、厚度大，而且是离大陆愈近，造成石头的物质颗粒就愈粗。这是由于比较粗的泥沙进入海洋这个比较稳定的环境后，海水无力把它带到海中央去，便在海边留下，在海中堆积的是极细的物质和从海水中沉淀出来的东西。至于大陆上湖泊中堆积的沉积岩，一般面积小、岩层薄。如果岩层很厚，面积却不广，并有颗粒很粗的沉积岩出现，那么这就可能是古代的山麓或山间的盆地。

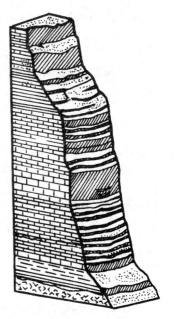

像书页一样的沉积岩

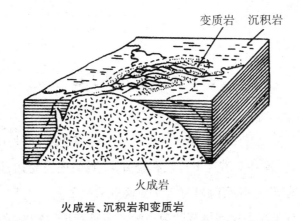

变质岩　沉积岩

火成岩

火成岩、沉积岩和变质岩

打开地下宝库的钥匙

石头中的化石也帮助我们来认识当时的环境。什么是化石呢？就是那些古代的生物留在石头中的遗迹或遗体。因为有些生物的尸体埋在泥沙中被保护着，没有马上腐烂分解，而是逐渐被别的物质代替了它的位置，保留了它的形状甚至内部构造，这就形成化石。中药店卖的石燕就是一种浅海里生物的化石。比如北极冻土中发现的长毛象、琥珀中的昆虫，是因为被天然的"冰箱"或是"水晶棺材"保护得很好，所以一直把尸体留到今天，这也是化石。

不同的生物，有不同的生存环境，深海的鱼到了海面就得死去，而淡水鱼也不能在海水中生活。有些生物像珊瑚，只能在温暖的浅海中生存；有一种已经灭绝的生物——笔石，只是在海湾中才有。

石头甚至还可以告诉我们许多古代的气候状况，红色的石头表示炎热，因为泥沙中的铁受到氧化，把石头染成红色；寒冷地方造成的石头颜色常常较暗，因为死亡的生物没有迅速完全分解，保留了一部分有机物在石头中。要是在石头上发现了光滑的擦痕，或是石头中的颗粒粗大、杂乱而且有棱角，这说明这里过去很可能有过冰川。因为它在搬运时不像水中的石子那样相互摩擦得厉害，所以当冰川融化后，留下的沙石是有棱角的。

生物的发展变化也说明着气候的状况，像长着长毛的动物就说明当地气候是寒冷的；高大的植物，说明那里的气候温和、雨水充足。这些都可以从化石中了解到。

写在石头上的历史

我们从石头上虽然能了解到过去发生的许多变化，但是还很零乱，需要整理。我们不仅要知道这里曾经有过海洋，我们还需要知道究竟是什么时候开始出现海洋，什么时候海洋又从这里消失了。

谁替我们保存了这些事情的记录呢？还是石头，特别是沉积岩。

沉积岩像本厚厚的日历。不，叫它日历太不合适了，沉积岩不是以天为单位来记录时间的，也不是以月为单位，它的每1厘米厚度就代表了30~100年的时间。

像树木的年轮一样，岩层有时还可以告诉你，它经历了几番寒暑，多少次春秋。颜色较浅、颗粒较粗的一层是夏天的产物，夏天水大，泥沙多，有机物分解快；紧挨着较薄的一层色深、粒细，是冬天造成的。

这样，我们挨着数下去不就能弄清这层石头是什么时候生成的吗？

事实上哪里有这样简单的事。各地的沉积岩并不是连续的，当海洋变成陆地的时候，这里就没有沉积岩生成了。再说，在出现沉积岩以前，早就有了地球，而最古老的岩石已超过20亿年，真的让你一年一年数下去，单是从1念到20亿的数字就要1 000年，这个方法怎能行得通？

我们采用的是比较的方法。

一般来说，早些时候造成的石头是在岩层的下部，年轻一些的岩层是在上面，可以根据岩层的上下来定时间的先后。但是各地的岩层都是零乱不全的，要整理出一部完整的记录，必须把许多地方的岩层进行对比，就像整理一套残缺的杂志一样：你有第七期，我有第五期，他有三、四期……大家凑起来也就比较齐全了。

可是我们怎么知道这里或那里的岩层是谁先谁后呢？可以从两处岩层本身的性质来对比，更重要的还是依靠化石。

生物发展的历史也是不能割断的，某一种生物的祖宗往往内部构造比较简单，而他的子孙却是愈来愈复杂，还有些种类的生物，只在一定的时期才有，往后就灭绝了。靠着这些研究，我们可以知道岩层的先后，把零乱的史册整理起来。

火成岩也记下了一些东西。当它穿过沉积岩的岩层时，说明它比这些沉积岩年轻。如果是沉积岩截去了火成岩的岩层时，这说明了先有火成岩。火成岩的出现常常说明当时发生过较大的地壳运动，这是很有意义的记载。

175

根据多方面的材料,地质学家把地壳发展的历史分为以下几个阶段:

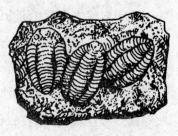

三叶虫的化石

新生代——从6500万年前开始到现在这一段时期。地球已逐渐发展成今天这个样子,植物、哺乳动物都很繁盛。大约距今250万年才出现了人类。

中生代——从2.5亿年前到新生代开始这一段时期。这时期地壳运动很剧烈,许多海洋消失了,植物繁茂,出现了许多像恐龙这样巨大的爬行动物,它们成为当时地球上的霸王,但在这个时代的末期便逐渐灭亡了。

古生代——从5.7亿年前到中生代开始这一段很长的时期。在古生代后期,陆地面积很大,湖泊沼泽众多,植物茂盛,有很多高几十米的树木,两栖动物也很活跃。在此以前,孢子植物和鱼类开始出现,鱼类逐渐繁殖,非常旺盛。在古生代初期,地球上海洋面积广大,海水淹没了许多大陆,海洋中的无脊椎动物特别兴旺,是三叶虫的极盛时代。

元古代——约为5.7亿年以前至25亿年前这段悠长的时期。在这个时期已有藻类植物出现。曾有猛烈的地壳运动,造成许多高山。在后期大陆开始下降,海水淹没了一部分大陆。

在元古代以前的时期称为太古代。

在地壳不同的发展阶段中,造成了不同的矿藏。

掌握了地壳发展的历史,找起矿来便可以有的放矢了。

揭穿谜底

现在我们知道,地壳上的物质是在不断运动、发展着。然而,是什么力量维持了这么庞大的运动呢?

我们可以说是水。比如黄河每年经过河南陕县,带到下游和海口的泥沙竟达到十几亿吨！水为什么有那么大的力量？因为水从高处向低处流。可是水怎样跑到高处去的呢？是阳光使它化为蒸汽，然后凝结成雨，降落在高处。

原来水的气力是从阳光那儿得来的。看来阳光是个基本的动力，是它使"生物工厂"开工，使黑口湾受到烘烤。

但这还只是一面。假使地无高低，水向何处流呢？没有高山深海，哪来矿产的堆积？

是什么原因使地势起伏不平呢？这也应该是个基本的动力。

地势高低的变迁，主要是由于地壳发生了升降、挤压的运动；发生运动的原因，是由于地球内部的热力、重力等在各处不平衡。这些问题目前正在探讨。

这些变迁在今天还能见到，比如地震时山崩地裂的震动；又如地质工作者曾在广州附近发现了古海岸的遗迹，证明这里的地盘升高了。但是在非洲刚果西边的海底下，却又发现了古代的河口，证明这里的地盘降低了。

在山上，本来应该水平卧倒的沉积岩，如今却歪斜地躺着，有的地方更像一个驼背的人，拱起来了；原来连在一起的岩层，现在看起来，就像有人拦腰斩了一刀，并且两边错开了。

这都是由于过去的地壳运动，使这些岩层发生了弯曲、断裂。

地壳运动把岩层造成了复杂的组合。

在我们的眼里，山不再是座囫囵的山，山的内部是石头的组合。这座山与那座山之间可能为沟、谷、河流切断，但是它们内部的联系，还可以找到。

只有把这些关系搞清楚了，才更有把握去找矿。比如中央隆起、四周低下的岩层，要是上部有一层是透水的石头，那么这里最适宜储藏石油了，因为这就像一个盖子把石油罩住了。我们在报纸上常见的"储油构造"，就是指的这一类构造。

地壳运动的影响，决不单单是岩层的断裂、弯曲。地壳运动剧烈的地区，可以降得很低，因而堆积很厚；也可以升得高，成为高山。由于升降剧

177

烈，所以岩层弯曲、断裂的很不少，也就是说对地下的压力减轻了，岩浆大大活跃，因而由地下熔炉造成的金属在这个区域就容易找到。我国的祁连山、秦岭、南岭、天山……苏联的乌拉尔就是从前地壳活动剧烈的地区。

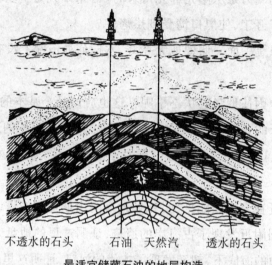

不透水的石头　　石油　天然汽　　透水的石头

最适宜储藏石油的地层构造

有一些地区运动缓和，只是慢慢上升、下降，岩层很少弯曲，更少断裂，堆积物不是很厚，也很少成为高山，多半地势平坦。在这种稳定地区与活动地区之间的地带，往往兼有两方面的某些特点。这些地区大都湖多，海浅，火成岩活动极少，因而煤、石油、盐类常有希望在这里找到。现今我们在祁连山上找到了铜、铅、锌、金、铂、铬、镍等许多金属矿，在它两边的酒泉盆地、柴达木盆地中已发现了丰富的石油矿，柴达木盆地还找到了煤和许多岩盐，更证明了这些推断。

看来，谜底可以揭穿了，要是我们能综合各方面的规律去认识地壳，预测矿产不是不可能的。

八公山煤田就是这样发现的，首先这里有大量的沉积岩，岩石的性质表明它是在内陆盆地中生成的。时代呢？正是古生代成煤的时代。可是就没看见煤矿，地质学家来到这里最初也没有很大的把握，后来他们在八

在这层石灰岩中找到了纺锤虫的化石　　钻孔后发现了煤层　　泥沙

八公山的煤矿是这样藏着的

公山前一层石灰岩中找到一种纺锤虫的化石。根据一般的规律，在这种石灰岩上往往有一层煤，而且八公山附近地方的煤层，在明朝就已进行开采。因此他们断定在八公山这层石灰岩上面也有煤。既然是在上面，为什么下面的石灰岩看见了，而煤却看不见呢？这是由于八公山的岩层向东北倾斜，煤层的地势低，被泥沙盖住了；而石灰岩的地势较高，露出的一部分就看得见了。因此我们在八公山的东北钻孔，实地检查有没有煤。

看来神秘的眼睛，说穿了就是这些。

要是我们把许多知识很好地运用起来，就可以揭穿更多宝库的谜。

到宇宙太空中去开发资源*

天外来客的启示

　　1976年3月8日下午,吉林地区上空突然出现了一场历史上罕见的陨石雨。科学工作者对这些坠落的陨石进行分析,发现其中含铁达30.17%,够得上铁矿石的水平了。目前含铁百分之三十几的矿石已在被大量开采,有的地方甚至把含铁量只有百分之二十几的也作为矿石使用。

　　吉林陨石在陨石中并不算含铁很多的,属于石质陨石一类;还有些铁质陨石或称陨铁,含铁可在80%以上,常常还含镍,它们都以金属状态出现。我国新疆维吾尔自治区青河县曾经落下过一块大陨铁,重达30吨,其中的铁占88.67%,还有9.22%的镍。这么多的铁和镍,比最富的矿石还要富,能不能利用呢? 当然可以利用,人类最早使用的铁,就是从这种陨铁中得到的。从五六千年前居住在美索不达米亚一带的苏美尔人的古墓中,发现过用陨铁造成的小斧;埃及金字塔保存的4 000多年前的宗教经文中,有关于用铁来制造太阳神等神像宝座的记述。在古时候,人类还

　　　* 原载《少年科学》。

没有掌握从矿石中提炼铁的技术,这些非常珍贵的铁器,都是用陨铁造成的。因此在苏美尔人的语言中,铁这个字的意思是"天降之火";在古希腊文中,"铁"和"星"是一个字,都表示铁来自天上。直到19世纪,住在格陵兰的爱斯基摩人,还在用坠落在那里的几块大陨铁做制造刀、矛、鱼叉的材料呢!

陨石里含有铁和镍这一事实告诉我们:矿产资源不只是地下有,天上也有。矿产的种类很多,包括许多金属和非金属矿物,在陨石中像锰、铝、铬等都有发现,甚至还找到过金刚石哩!

已可触及的天上资源

在火星和木星的轨道之间运行的小行星,是陨石的来源之一,它们数以万计,目前已经算出轨道并编了号的小行星已将近2 000个。这些小行星,沿着很扁的椭圆形轨道围绕太阳旋转,当它们闯入地球重力影响达到的范围时,就会被地球"俘虏"过来,坠落而成为陨石。

这些小行星中个子最大的直径有700千米,直径超过80千米的不过150个。在小行星表面,重力是很微弱的。我们知道,从地球上逃逸出去需要每秒11.2千米的速度;脱离小行星则只需每分钟有若干米的速度就行了。人们设想将来可以在小行星上采矿,并把它运回来;甚至还设想用火箭把整个小行星推移过来供我们应用。据计算,一个直径约为1.6千米的小行星,如其成分与铁质陨石相同,那么,它所含的铁将有330亿吨,够全世界消费60多年了。

离地球比小行星近的火星和月球上也有矿。古时候由于科学不发达,人们把肉眼能望见的月面上比较阴暗的部分,幻想为"蟾宫桂树"。其实这些是宽阔的低洼地区,科学家称它为"月海"。月海里并没有水,而是充满着熔岩凝结而成的玄武岩。从月球上采回来的样品证明,这些玄武岩含铁,特别是含钛很多,有的样品中二氧化钛的含量达到11.14%。在构成月球高地的岩石中,含铝较多,三氧化二铝的含量有的达到35.49%,具有值得利用的条件。可以相信,含量更富更有价值的矿产还会被发现。

多年以来,火星以它的红色引人注目。曾经有人幻想这是红色植物所显示的。几十年前出版的一本科学幻想小说中,还曾设想"火星人"来到地球上,把这类红色植物也带来了,它们迅速繁殖,使昔日的葱茏苍翠很快变得鲜红似火。后来的观测,特别是前年在火星上着陆的探测器拍摄的照片证明,火星之所以看起来是红的,是因为火星表面大部分布满了橘红色的砾石沙土,甚至天空也弥漫着红色的尘埃。原来那里的岩石中含有很多的铁,在受到氧化后呈现出红颜色。火星上的铁无疑是很多的。

各种各样的矿产在其他天体上都会有的,只因不像铁那样普遍,要找到特别富集的矿产不那么容易罢了。在地球上找矿尚且要费许多时间,如此辽阔的宇宙,探测刚刚开始,就已经看到这样有希望的苗头,可以相信,在宇宙中不仅会有地球上存在的矿产,还会有许多地球上所没有或稀少的矿产。就现在我们已经得到的资料来看,像甲烷、氨、氢这些重要的化工原料和燃料,在木星上就多得很。木星主要为液态的氢组成,还含有不少氨、甲烷和其他碳氢化合物。整个木星的质量约为地球的317.8倍。你想想这有多少资源!

我们的近邻金星,因被特别浓密的大气裹住,过去长期对它的面目认识不清。现在,宇宙飞船穿越了金星的大气,使我们了解到它也有一个岩石构成的荒凉的表面,这些岩石里也应该是有矿产存在的。至于金星的大气,百分之九十几是二氧化碳,这也是有用的东西。在地球上,南斯拉夫不久前发现了一个二氧化碳气田,成为罕见的矿藏,人们正在那里兴建制造干冰的工厂。在金星上到处都有浓密的二氧化碳,就不足为奇了。金星的大气中还有一层由硫酸细滴形成的雾。硫酸是很有用的东西,在那里天然地生成了。宇宙之大,无奇不有,在那些更遥远的星星上,还会有些什么呢?

开发天上的资源，似乎是不可设想的神话，但这正在成为可以触及的现实。有人正在拟议如何在月球上采矿，如何利用小行星的问题也在讨论了。

天上人间

从其他天体上采矿，把它运回地球，要克服大气的阻力，很费周折。从经济上来看，如此遥远地运来原料，未必合算。那么有什么必要去探讨开发天上的资源呢？

我们可以就在天上采矿，就在天上冶炼，在天上建立工厂，造出成品再送回地球。这样，我们可以使地面上许多工厂停止冒烟，停止排出污水、废物，环境大大得到改善。在天上还可以利用那里重力等于零，绝对真空，容易得到几千度的高温及近于绝对零度的低温以及有许多太阳辐射出来的带电粒子在那里活动等特殊条件，制造出许多地面上所不能造出来的产品，例如高纯度的光通信纤维、高质量的半导体单晶、高激光效率的玻璃、特殊的合金等等。这些设想是有根据的，部分已经在环绕地球飞行的天空实验室中造成，像在这种实验室里制出的一种锑化铟单晶，用于计算机，可使其尺寸减小 9 / 10。在天上建立工厂是大有希望的事业。

在天上进行生产所需要的动力是取之不尽、用之不竭的，这就是来自太阳的能。近年来，人类每年从地下采出的石油、煤炭和天然气，计算起来相当八九十亿吨优质煤。这个数字称得上巨大了，然而同每年太阳辐射到地球上的能量比起来，只有它的万分之一还不到，而这部分辐射到地球上的太阳能，不过仅占太阳辐射总能量的二十二亿分之一。

在地面上利用太阳能，受到大气的阻挡和季节、昼夜变化的影响。如果在大气层之上利用太阳能，效率就高得多了，可以直接用它的热，也可以将它来发电，还可以用它来分解水，得到氢和氧作为可以携带的燃料，这些办法都已经在试验。

有了原料，又有了充足的能源，我们不仅可以在天上造出需要的产品，还确实可以在天上创造出一个适于人类居住的人间世界。以此为据点，我们可向更遥远的太阳系以外的星系发展。这并不是虚无缥缈的幻想，有的科学家预计，在下一个世纪内就将部分实现。

地震问答[*]

地震是怎么回事

1975 年 2 月 4 日 19 时 38 分左右，北京的居民普遍感觉到这里的大地在震动。悬挂在天花板上的吊灯突然来回动荡，尽管只有片刻时间，人们都清楚地觉察到了。在此以前大约两分钟，即 19 时 36 分，辽宁南部的海城、营口地区，人们也都感到大地在震动，而且震动更为强烈，地面颠簸摇晃，使人无法站稳，许多房屋遭到了破坏，持续了 30 秒钟左右。

这是怎么回事呢？地震发生了。水有源，树有根，这么多地方都在震动，哪里是起头的地方呢？原来就在海城县东南营口县东北，北纬 40.6°、东经 122.8° 的地下 16 千米深处。这个震动的发源处称为震源；地面上与震源正对着的地方，称为震中，地面上其他地点到震中的距离，叫震中距；到震源的距离，叫震源距；从震中到震源的垂向距离，叫震源深度；震中附近震动最大，一般也就是破坏最严重的地区，叫极震区；在地图上把地面破坏程度相似的各点连接起来的曲线，叫等震线。在一般情况下，距离震中越远，震动也就越弱。但地面破坏最强烈的地方，往往并不是震中所在处，而

---

[*] 原载 1975 年地质出版社出版的《地震问答》。

185

是在稍微离开震中一些的地方,这里常称为宏观震中。

地震时的震动,是以波动的形式从震源向四面八方传播出去的,这种因地震而产生的波动,就是地震波。

为什么会从震源传出这阵阵波动?地震究竟是怎么回事?目前虽然还不能把一切问题都讲清楚,但可以肯定地回答,地震的发生,是地球最外边这一层岩石构成的地壳在运动的表现,是震源所在处的物质发生形体改变和位置移动的结果。这和大海之有波涛汹涌,天空之有风云变幻一样,是一种自然现象,完全可以认识的。

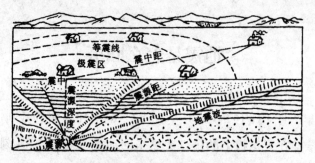

强烈地震时人为什么会站立不稳

历史记载常常形容强烈地震发生时,"人坐凳上如在船上,晕晕腾腾";"人如坐波浪中,莫不倾跌";真是"恍如空中旋磨蚁,又似弄舟江心里",甚至牛马也"伏不能起"。

为什么人会站立不稳?这是由于地震波的影响。在距震中较远的地方,横波所形成的水平晃动,使地面很快地来回摇晃,人自然就会感到"晕晕腾腾"、"如在船上"。如果是在极震区内,加上纵波所形成的上下跳动也很厉害,那就会显得又摇又蹦,前仰后合,自然就要站立不稳了。所以地震时,一般年老体弱的人,就更需要提前离开建筑物,免得临时张皇失措。

此外,在某些地区,强烈地震时人站在地上还会有一种软绵绵的感觉,仿佛地要陷下去似的。所以古书上对地面出现的鼓包有"其土虚浮,践之即陷"的记载。其实,地并没有陷下去,而且地震一过,结实如故,这不过是强烈地震时土地表现出来的一种暂时性的特点。有人认为,在短促迅疾的强烈震动作用下,地表土层可以失去原来的黏结性,而表现出液体的某些性质,所以有软绵绵的感觉。这种作用在含有较多水分的细沙层中尤为明显,可以使得整个沙层都具有了液体的一些性质,因此就显得更软了。

为什么会发生地震

　　这个问题现在世界上有多种多样的解释或设想。的确,发生地震的某些根本性原因还有待探讨,但已经认识到的事实告诉我们:不管地震发生的根本原因是什么,不管哪一种或哪几种物理现象对某一次地震的发生起了主导作用,总是那里的岩石发生了破裂,特别是要把能量转化为机械能才能促使岩石破裂,产生震动。

　　绝大多数地震发生在地球最刚硬的部分——地壳和地幔上部边缘的岩石层里面。那里的岩石在力的作用下发生破裂,这个破裂处就成为震源,震动从这里开始。

　　刚硬的岩石为什么会破裂呢?

　　首先,正因为它是刚硬的,所以才会破裂。如果它像生面团那样有很好的塑性,就不容易破裂了。如果是液体,更无所谓破裂。绝大多数地震都发生在地下70千米以内,特别集中在地下5~20千米上下,这不是偶然的。因为在地下较深的地方,温度高,压力大,在长期缓慢的力的作用下,虽是坚硬的岩石也具有一定的塑性,就不那么容易破裂了。

　　岩石具有受力后发生破裂的性质,这是它会破裂的根据,但还得有力作用于它的身上才能使它破裂。在地下,存在着各种形式的力的

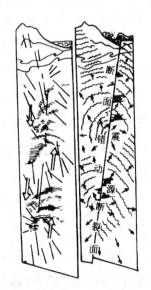

左图:岩石受力发生形变,箭头表示受力错动方向,线条表示岩层破裂
右图:岩石断裂,产生地震,箭头表示地震波的传播方向

187

作用,而且这些力会在地下某些处所积累加强,当增大到使那里的岩石承受不了时,破裂就发生了。在这个变动中起主要作用的是地壳运动。

在地壳运动的过程中,地壳的不同部位受到了挤压、拉伸、旋扭等力的作用,那些构造比较脆弱的处所就容易破裂,引起断裂变动。这种变动成为地震的主要原因。全世界90%以上的地震,都是由于地壳的断裂变动造成的,这类地震称为构造地震。现在我们要预报、预防的,主要就是这种构造地震。此外,火山爆发、洞穴坍塌等也可造成地震,但数量都很少,规模也很小。因此地震也可以说是现今地壳运动的一种表现。

一年中地球上的地震有多少

谈到地震,似乎有点稀罕。其实地震是一种很普通的自然现象,几乎和刮风下雨一样寻常。地球上天天都有地震发生,而且多到1天就要发生1万多次,1年约有500万次。世界上许多地方都经常在发生地震,这些地震绝大多数很小很小,不用灵敏的仪器便察觉不到。这样的小地震约占1年中地震总数的99%,剩下的那1%,约5万次,才是人们可以感觉出来的。其中能造成破坏的约有1 000次,而且大部分还不是很强烈。达到1975年2月4日海城地震那样强烈程度的,平均每年约十几次。至于更为强烈的地震,平均每年大约1次。总的规律是越小的地震越多,越大的地震越少。因此并不是一有地震发生,就会造成灾害,绝大多数地震对人类并没有多大影响。

地震的大小,常用震级**来表示。震级是根据地震时放出能量的多少来划分的,震级越高,地震越大,释放出来的能量也就越多。地球上平均每年发生的各级地震次数大致如下表所示:

** 我国使用的震级标准是国际上通用的震级标准,在国外常称为里氏震级。

地震震级	8.0 ~ 8.9	7.0 ~ 7.9	6.0 ~ 6.9	5.0 ~ 5.9	4.0 ~ 4.9	3.0 ~ 3.9	2.5 ~ 2.9	<2.5
地震次数	1	18	120	800	6 200	49 000	100 000	4 850 000

在一般情况下，小于3级的地震人们感觉不到；3级以上才有感觉，习惯上称为有感地震；5级以上便能造成破坏，习惯上统称为破坏性地震或强烈地震。

地震的能量有多大

一次强烈地震发生时，全世界大部分地区都可以记录到它所产生的震动，真可以说是"震撼全球"了。它所释放出来的能量是很大的。

不同震级的地震通过地震波释放出来的能量大致如下表所示：

震 级	能量（焦耳）	震 级	能量（焦耳）
0	6.3×10^4	5	2×10^{12}
1	2×10^6	6	6.3×10^{13}
2	6.3×10^7	7	2×10^{15}
2.5	3.55×10^8	8	6.3×10^{16}
3	2×10^9	8.5	3.55×10^{17}
4	6.3×10^{10}	8.9	1.4×10^{18}

目前记录到的最大地震，还没有超过8.9级的。有些微小的地震则比零级还要小，于是用负数来表示。一次8.5级地震释放出来的能量，如果换算成电能，相当于我国甘肃刘家峡水电站（122.5万千瓦）工作八九年所能发出的电量总和。这还不是它所具有的全部能量，因为有一部分能量在地震发生过程中转变成热能和使岩层发生断裂位移的机械能了，还有一部分

能量没有释放出来。试验证明要在坚硬的花岗岩中爆炸一个相当 2 万吨梯恩梯炸药(TNT)的原子弹($8×10^{13}$焦耳),所得的结果才大致和一个 5 级地震($2×10^{12}$焦耳)差不多。至于那些微小地震的能量则很小,有的仅仅和一个鞭炮爆炸相似。震级每差 0.1 级,能量的大小约差 1.4 倍;差 0.2 级,差$(1.4)^2$倍;差 0.3 级,差$(1.4)^3$倍……以此类推,震级相差 1.0 级时,能量相差$(1.4)^{10}$倍,即大约 30 倍。一年中地球上全部地震释放出来的能量约为10^{18}~10^{20}焦耳,其中绝大部分来自 7 级和 7 级以上的地震,这些地震被称为大地震。7 级以下,5 级和 5 级以上的地震称为强震或中震。5 级以下,3 级和 3级以上的,称为弱震或小震。3 级以下,1 级和 1 级以上的称为微震。小于1 级的称为超微震。

一次强烈地震的影响面积有多大

1975 年 2 月 4 日我国辽宁省海城发生地震,不但远在五六百千米外的北京清楚地感到了震动,而且有感范围很大,北至黑龙江的牡丹江,南达江苏的淮阴,西抵内蒙古的乌达、陕西的西安,东越国境线,直到濒临日本海一带,乃至日本的九州也有感觉,甚至韩国的汉城(今首尔)还有轻微的破坏。这次地震的震级是 7.3 级,还不是很大的。更大的如 1556 年我国陕西华县 8 级大地震,在 185 个县的县志中都有记载,其中距离震中最远的县约 700 千米,估计它的影响面积约 110 万平方千米,大约相当于我国总面积的 1/9。再大的如 1920 年我国宁夏海原 8.5 级大地震,影响了半个中国,连北京、冀东、上海、汕头、广州等地都有感觉。在国外,1897 年印度阿萨姆 8.5 级大地震影响的面积达到了 300 多万平方千米。一般地说,地震的震级越高,影响的面积就越大,但同时还与震源深度有关。震源浅,影响面积就要小些,但在这个范围内的烈度就要大些;震源深,影响面积尽管大,但在地面造成的破坏却要小一些。

上述影响面积，一般是指人们能感觉到的地震而言，亦即有感地震的面积。如用仪器观测，一次强烈地震，全世界大部分地震台都可以记录到，仅有少数地区由于地核不能传播横波和对纵波有折射作用，因而记录不到，称为阴影带。下图中弧状实线及箭头表示纵波的前进方向，波状实线及箭头表示横波的前进方向，虚线及数字表示地震波到达地面所需的时间（单位：分钟）。

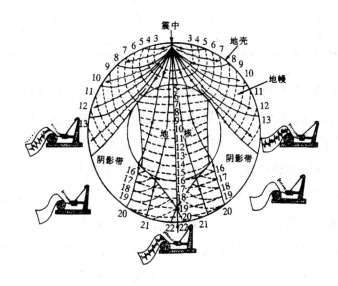

地震的震级、烈度与震源深度之间有什么关系

震级反映地震本身的大小，只跟地震释放的能量有关，而烈度则表示地面受到的影响和破坏的程度。一次地震，震级只有一个，而烈度则各地不同。因为烈度不仅跟震级有关，同时还跟震源深度、距离震中的远近以及地震波通过的介质条件（如岩石的性质、岩层的构造等）等多种因素有关。震中烈度与震级及震源深度的关系大致如下表所示：

震源深度（千米） 震中烈度 震级	5	10	15	20
3级以下	5	4	3.5	3
4	6.5	5.5	5	4.5
5	8	7	6.5	6
6	9.5	8.5	8	7.5
7	11	10	9.5	9
8	12	11.5	11	10.5

一般震源浅、震级大的地震，破坏面积虽然较小，但极震区破坏则较严重；震源较深，震级大的地震，影响面积比较大，而震中烈度则不太高。

1960年2月29日半夜，非洲摩洛哥濒临大西洋的旅游城市阿加迪尔突然发生地震，震级只有5.8，但是造成的破坏却很严重，仅仅15秒钟，绝大部分房屋都倒塌了。原因之一就是这次地震震源很浅，其深度仅3～5千米。因此，它所造成破坏的范围虽小，但烈度则很大，震中区达到9～10度，而阿加迪尔城恰恰就位于这个破坏最强烈的范围内。此外，在建设这座城市时，因这里已长期没有发生过强烈地震，忽视了可能发生的地震危害，没有采取相应的抗震措施。如果在震前认识到这些规律并注意预防，灾害显然是可以减轻的。

没发生过强烈地震的地方会不会发生强烈地震

在地震带内没有发生过强烈地震的地方突然发生强烈地震的情况不仅有，而且并不算太少。有时还存在这样的特点，在强烈地震发生之前，在长达数十年之内，周围地区的有感地震很多，而在强烈地震将要发生的地区偏偏没有，这里便被称为所谓的"地震空白区"。临近强烈地震时，空白区周围地震次数增多到最高峰，空白区内部地震活动却仍然很少，最后，强烈地震终于在空白区内发生了。例如 1830 年 6 月 12 日河北磁县 7.5 级大地震前就清楚地表现出这种情况，在大地震前 50 年内，周围的地震很多。

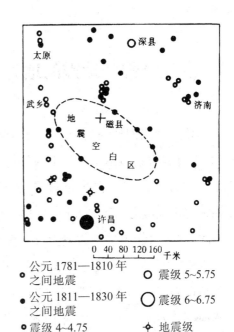

公元 1781—1810 年之间地震 ● 震级 5~5.75 ○

公元 1811—1830 年之间地震 ● 震级 6~6.75 ○

震级 4~4.75 ● 地震级 ✦

因此，根据周围地区地震增多的情况，对中间那种很少发生地震的空白区要特别注意，不要以为这里没有地震活动就失去警惕。当然，也要看到另一方面，即中间这个地震少的地区是缺少发生地震的地质构造条件的"安全岛"，或者是周围地区的地震已把这个地震带内地应力积累的大量能量释放掉了，终于没有发生大地震。究竟怎样，还要求我们从实际出发，做扎扎实实的调查研究工作，才能得出正确的结论。

还应注意，强烈地震也不见得一定在已知的地震带内发生。事实上，有时在一向认为不会发生地震的地壳比较"稳定"的部分，也发生了强烈地震。如 1962 年 9 月 1 日伊朗布因沙拉 7.2 级地震和 1968 年 8 月 31 日伊朗达希提—伊巴兹 7.2 级地震，都是发生于被认为"稳定的""无地震"的地区。

这样一来是不是到处都可能发生强烈地震，简直没有规律可循了呢？事情亦非如此。强烈地震多发生于地震带中，这是没有疑问的。至于某些被认为不会发生强烈地震的地区发生了强烈地震，可能是原先认识不清或情况有了特殊的变化，只要加强地质研究工作还是可以认识的。如伊朗这两次地震以后，在地面上都可以看到活动断层迹象，证明是古老断层重新活动的结果，只是过去没有认识罢了。仔细研究起来，在强烈地震发生之前，总是有前兆可寻的。

发生过强烈地震的地方会不会再发生强烈地震

　　发生过强烈地震的地方，会不会再发生强烈地震呢？还是可能发生的，不过震中大多不是在原来的位置，而是在它附近的地方。比如1973年2月6日四川炉霍，在北纬31.1°、东经100.4°的地方发生了7.9级大地震，而在这次地震之前不到6年，即1967年8月30日，已经在这个地区的北纬31.6°、东经100.3°的地方发生过一次6.8级地震了。如果把范围稍微扩大一点，在以炉霍为中心，南至道孚，北至甘孜，长约130千米，宽约60千米的地区内，从1904—1973年的70年间，6级以上的地震发生了5次。智利的康塞普西翁在不到300年内发生了4次8级以上的大地震，城市几次被毁，邻近地区发生的大地震则更多。

　　震中位置完全重合的情况也不是没有，但比较少。如1600年9月29日广东南澳附近北纬23.5°、东经117°处发生了7级地震，过了大约318年，1918年2月13日又在原处发生了7.25级地震。1624年4月17日河北滦县附近北纬39.7°、东经118.7°处发生了6.25级地震；321年之后，1945年9月23日还是在这里又发生了一次6.25级地震；又隔了31年，1976年7月28日3时42分唐山7.8级大地震刚过，当天18时45分，又在滦县附近北纬39.7°，东经118.8°的地方，发生了一次7.1级强烈余震。这次余震与上两次滦县地震的震中位置基本重合。

　　从这些历史记载可以看出，同一地点再一次发生强

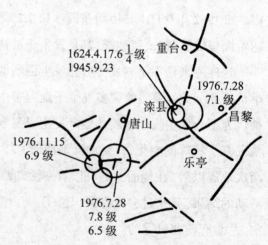

烈地震，一般是要间隔相当时间的，多则几百年，少的也要几十年、几年。间隔的长短，与那里地壳运动的强弱密切相关。像我国川西、滇西、台湾这些活动强烈的地震带上，在较短时期内重复发生强烈地震的情况就要多些，而在华北这样的地区，总是要间隔许多年才有在同一地点重复发生强烈地震的可能。不过需要注意的是，有的大地震之后，余震还可以相当强烈，六七级的强烈余震，往往连续发生在主震震中或其附近，上图所示河北唐山7.8级主震西南的两次余震就是如此，对这样的余震应该提高警惕。至于在同一地点，连续发生若干次8级左右的大地震，在我国各地震带都还没有这样的历史记录。在环太平洋的某些活动性特别强烈的地震带上，虽有过这样的情况，但也是很罕见的。总的说来，一个地方如果已经发生了大地震，一般是活动日趋衰弱，经过相当长的时期以后才有可能再发生大地震。但不管是什么情况，都不可因强烈地震发生过了就麻痹大意，还是应该时刻警惕。

地震时为什么会喷沙冒水

地震时为什么会喷沙冒水？一是地震时产生的地裂缝给地下的沙和水开辟了喷出来的通道。喷沙冒水的孔隙总是沿地裂缝带分布，与地裂缝方向基本一致，证明着这一点。二是地下的压力推动着沙和水喷出，这个压力在地震时变得特别大。第三，归根到底还得地下有水有沙，没有物质来源就喷不出东西来。海城、唐山等地区的喷沙冒水都在平原、河滩等地，丘陵山区就没有这种现象。

地下的岩石土层中几乎到处都有水。地震时，由于这些岩石土层受到的压力加大，把藏在它们内部孔隙或裂隙里的水更多地挤了出来，因此涌水加剧的现象也就比较普遍了。特别是那些地势低洼，原来地下水位就很浅的地区，更为突出。水在地下的储存状况与那里地下的岩层分布及组合情况是密切相关的。地震时岩层发生的断裂错动改变了这种状况，因而就会使某些地方的地下水急剧增加，另一些地方则突然减少，这也是地震时有些地方地下水突然大量涌出或突然干涸的一个重要原因。

至于地下的沙，则范围比较有限。不久前还是河流、海滨的地方，地下有过去堆积起来的细沙层，它们在地震时同水一起因强烈短促的震动而具有类似液体的性质，这就方便了它们从地下喷出。不过沙层如果埋藏太深，要喷出来仍是有困难的。一般多是从地下几米的深处喷出，来自十几米深的就比较少了。像河边、海边以及河中的沙洲，这些存在着较厚的细沙层的地方，出现喷沙现象是比较多的。而在那种丘陵山区，因为地下是岩石，缺少沙土层，喷沙现象就不会发生了。

有些地区冬季土地封冻，那种没有完全冻结的地方就成为沙和水较易喷出的薄弱点，如果这里的地下沙土比较多又不很深的话，地震时就可能从此处喷出沙和水。室内经常烧火的炕头、灶头就是封冻不严的地方，所以地震时也可以从这里喷沙冒水。总之，喷沙冒水也是一种自然现象，它们的出现是有规律的、可知的，没有什么可奇怪的。

为什么地震时要特别注意防止火灾

根据世界地震历史资料，火灾在地震的次生灾害中所造成的损失，比例是很大的。

1923年9月1日，日本关东发生了一次8.3级地震，有人认为这是20世纪以来最大的一场自然灾害。据计算，损失财富总值大约相当于现在的300多亿美元，死亡和失踪14万多人，伤10万人。为什么损失如此之大呢？因为这次地震发生在日本工业和人口最集中的地区——东京和横滨，东京距震中不到100千米，横滨则仅距震中60多千米。但不仅是这个原因，还由于建设这些城市时，没有充分考虑到地震的危害，缺少防震措施。

在横滨,地震使 1/5 的房屋倒塌,同时有 208 处起火。东京火灾更为严重,房子烧掉 2/3,大震后半小时,有 136 处起火,风助火势,化学药品及油类等易燃物质越烧越旺,由于许多房屋是木建的,就特别易于着火。更严重的是许多街道又小又窄,当火灾发生后,救火车开不进去。即使救火车开进去也是无用的,因为自来水管都被震坏了,水源断绝,眼看着大火蔓延,无法制止。这次地震毁坏的 57 万多所房屋中,有 44 万多所就是被火烧掉的。而那些拥挤在街头和广场的难民被大火层层包围,无法逃生,伤亡惨重。死亡的人中有 56 000 多人是被大火烧死的。

1906 年美国旧金山大地震,由于烟囱倒塌和堵塞以及火炉翻倒,全市50 多处起火,水管震裂,供水停止,致大火延烧三天三夜,使相当于 10 平方千米的市区,几乎全部烧光。事后统计,损失按 1974 年美元币值计算,约40 亿,死人近千。

1964 年日本新潟地震也是由于油库着火,十余日不熄,损失巨大。

由此可以看出有些地震的损失巨大,伤亡惨重,并不都是由于地震的自然原因,而主要是由于次生灾害所造成的。像火灾所造成的损失,如果事前做好防震抗震的准备,本来是可以设法避免或减轻的。

为什么地震发生后对水灾也要注意

在地震的次生灾害中,除了火灾,水灾的威胁性也是很大的。

1933 年 8 月 25 日我国四川迭溪(原属茂县)发生地震。迭溪坐落在成都之北、岷江上游东岸的一个阶地之上,地震后,周围山峰崩颓,坠落的土石堵塞在岷江中形成了三条大坝,坝高均在百米以上,江水断流 40 多天。在这 40 多天中,水在大坝后面形成了三个"堰塞湖",湖水越壅越高,终于在 10 月 9 日下午 7 时,前面那条大坝被冲开了,湖水溃决,犹如晴天霹雳,轰然一声,洪水排山倒海而下,两小时后到了茂县,第二天凌晨 3 时到了灌县，使这个远离地震中心 100 多千米的地方也受了灾。据不完全统计，光是灌县被冲毁的良田就达 600 万平方米，死亡 1 600 多人。它所造成的人畜伤亡和财产损失比地震本身还要大。其实，这次灾祸是完全可以预防的，只是因为国民党反动派根本不顾人民死活，无人及时把江水险情通知下游各处，所以才招致这样大的伤亡和损失。

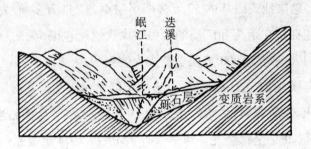

1959 年美国蒙塔纳州赫布根湖地震，山脊坍塌，土石崩垮，在马迪孙河形成了一个湖，湖面逐渐扩大，淹没了附近的公路、村庄、森林等等。1971年洛杉矶地震，这个城市的最大水坝受震后发生裂隙，迫使下游 8 万居民迁避。

此外，也有可能由于地下喷沙冒水、水管断裂等等原因造成局部的水灾，但其影响不会是很大的。

火山奇观*

什么是火山

人们常常用火山爆发来形容被压迫人民的革命，这是一个非常生动的形象的比喻。火山爆发，威力巨大，是自然界中一种宏伟的变革现象。

火山的存在，人们很早就知道了。远在 2 000 多年以前，我国古籍《山海经》已经有这样的记载："西海之南，流沙之滨，赤水之后，黑水之前，有大山，名曰昆仑之丘；其外有炎火之山，投物辄然（燃）。"这个把东西投进去就会燃烧的"炎火之山"，看来就是火山。有的学者考证，昆仑丘就是今天的青海高原，而青海高原西边的新疆南部，确有火山存在。1951 年 5 月，于阗县南部有一座火山曾经喷烟几天，可见《山海经》的记载并非臆想，不过所记的也可能是煤层自燃现象。中国古籍中，常将有煤层自燃的山称为火山，山西和新疆盛产煤炭的地方记载最多，但它们并不是现代科学意义的火山。真正的火山在中国是有的，古籍中也留有记载，如黑龙江省德都县的老黑山、火烧山，在 1720 年（清康熙五十九年）前后，曾经不断地喷发，喷发猛烈的时候，烟火冲天，热气逼人，还发出雷鸣般的响声。在国外，这种

---

* 原载 1964 年北京出版社出版的《火山奇观》。

199

能喷烟吐火的山更多。1693年3月，印度尼西亚阿贡火山爆发，使1000多人死亡，近600万平方米农田受害。1964年1月，这个火山又一次爆发，烟尘滚滚，高达4000米。

从名称上看，火山似乎是着火的山。在西方语言中，火山叫做"武耳卡诺"，也有"燃烧的山"这个意思。

火山虽然叫做"火"山，其实是没有火的。火山喷烟吐火不是山在燃烧，而是一种高热的岩浆从地下冲出来造成的现象。岩浆里包含着许多气体和水分。当它冲出地面的时候，气体和水蒸气大量分离出来，直上高空，剩下来的液态物质——熔岩，温度很高，常在1000℃以上，像火一样红。它好像沸腾的铁水，夜间还能映红烟云，辉煌夺目。于是，我们就看到了熊熊的火光腾空而上。

在气体和水蒸气从岩浆中分离出来的时候，它们的体积迅速膨胀，产生了巨大的压力，常常在地壳中造成爆炸，把堵塞在通道中的熔岩或其他岩石炸成碎屑，抛向空中。这些碎屑，有的细如灰烬，随着气体冲上高空，使烟尘变得又黑又浓，这就是火山灰；有的大似碎石，保持着赤热的熔融状态，好像火星飞舞，落到地上，已经凝成石块，这就是火山弹。由于在空中受到旋转扭动的影响，火山弹的形状有的像纺锤，有的像面包或梨。那些大小在火山弹和火山灰之间的碎屑，叫做火山砾、火山砂。

火山喷出的这些东西，清楚地表明不是山在燃烧。地球上倒是有一些真正在燃烧的山。我国山西省大同七峰山从前长期冒烟，就是山里的煤层燃烧造成的。新中国成立前，淮南煤矿有多处着火，新中国成立后才被扑灭。中亚细亚有一座山，据调查已经燃烧了大约3000年。照理说，把这些燃烧的山叫做火山才名实相符。但是，我们已经把火山这个名字给了那种由于岩浆冲出地面而形成的山，结果真正着火的山反而不能叫做火山了。

火山不仅没有火，有时还看不见山。火山的"山"是由地下喷出的碎屑和熔岩堆成的。这些物质，散布很广，越靠近喷发口堆得越多，因而常常形成一座中央高、四周低的锥形山峰。这是最具有火山特色的形状。日本的富士山就是这样一座火山。我国大同附近的火山，大体上也看得出圆锥一般的外形。

有的火山只有熔岩流出，没有碎屑物质落下来，而熔岩又容易向四面流布，于是便形成一个坡度平缓的高地，有些像盾牌覆盖在地上。假使流出的熔岩很黏稠，就会在喷发口附近聚集起来，形成一块形状奇特的高地。这些火山在形成以后，都会受到风、水、阳光等自然力的破坏，改变原来的形状，以至完全失去山的外形。当它再一次爆发的时候，有时因为爆炸得太猛烈，把原来的山头炸去一大块，山形也会改观。

地球上还有一种火山，当它在爆发后还没有来得及堆成山的时候就停止了活动，仅仅在地上炸开了一个大坑，等到坑中蓄满了水，便形成湖。谁能想到它原来竟是一座火山哩。

当岩浆沿着地壳中长长的裂缝溢出时，给我们留下的只是熔岩构成的又宽又平的高地，看不见山。

有一些火山在海底喷发，我们更看不见山了。

当火山没有活动的时候，对不知底细的人来说，看起来和普通的山没有什么两样。你看那雄伟的白头山，森林茂密，野兽出没，山顶上的天池宁静而美丽。谁知道仅仅在200多年以前，烟和火正是从天池所在的地方喷出来的。原来天池就是一个火山口。

火山，火山，它既没有火，有时还连山的影子都没有。那么，我们怎样才能正确地认出火山来呢？除了有的火山可以从它的外形特征认出以外，仔细研究起来，所有的火山都具有和普通的山不同的特点。

火山的中央有一根管子似的通道伸向地壳深处。火山活动的时候，岩浆就从这里冲了上来；火山停止活动以后，这里充满了熔岩所凝成的岩石。这个通道叫做火山颈。通道在地面上的出口就是火山口，通常位于火山的顶端，是一个碗形的大坑。火山附近还常常能找到火山弹、熔岩等火山喷出物。这些特点都是普通的山所没有的。

根据火山的特点来检查，人们发现地球上有好些山过去都曾喷烟吐火。但是，人类历史上没有留下任何关于它们活动的记载或传说，而它们也长期没有活动，因此认为它们没有能力再活动，称为死火山。有些火山经常活动，隔些时候喷发一回，称为活火山。还有些火山，虽然已经长期停止活动，但仍有可能再次爆发，称为休眠火山。这三类火山中，死火山最多，许多地方都有。南京附近的方山就是一座死火山，非洲最高峰乞力马扎罗山也是一座著名的死火山。活火山和休眠火山比较少，分布的地区也要狭窄一些。

严格区分这三类火山有时是比较困难的。有人把休眠火山算入活火山一类。但是，有些休眠火山可能就此长眠下去，那又应该属于死火山一类了。而有的被认为已经死亡的火山，也可能重新活动起来。意大利南部的维苏威火山在公元 79 年以

乞力马扎罗山（死火山）

前，一直被认为是死火山；可是，就在这一年 8 月 24 日下午，它突然爆发，喷出的火山灰一直落了八天八夜，把附近两座繁华的城市庞贝和赫库兰尼姆全部埋葬了。以后它隔不了多少年就活动一次，成为著名的活火山。

难道火山的活动竟是这样神秘莫测的吗？

不，不是的。只要我们进行深入的调查研究，还是可以辨别它们是死是活，或在睡眠，掌握它们的活动规律，避开它们的危害，使它们为人类的利益服务。

火山是怎样活动的

在人们的印象中，火山似乎总是突然爆发，因而来不及提防，以致损失

惨重。像加勒比海中马提尼克岛上的培利火山，自1856年爆发以后，46年没有活动，火山口变成了晶莹美丽的蓝色湖泊，不时有人前往观赏。谁知到了1902年5月8日上午7点30分左右，这个火山突然爆发了。喷出的烟云沿火山的南坡滚滚而下，向马提尼克当时的首府圣佩耳城冲去。这些烟云温度很高，达到七八百摄氏度，里面还有许多有毒的气体，因而全城近3万居民，除了一个关在地下密室中的囚犯外，全部被夺去了生命。烟云冲到海里，海水沸腾起来，停泊在海上的18艘船，有17艘被毁灭，只有一艘因检疫关系没有进港，侥幸逃脱，但是船上的人大部分还是遇难了。这个巨大的破坏活动来得十分迅速，十分猛烈，仅仅几分钟，原来热热闹闹的城市就变成了堆满死尸的废墟。

火山爆发果真是很突然的吗？

不，不是的。就拿培利火山这次爆发来说吧。在爆发前3个月中，就已经陆续出现了许多奇怪的现象。比如，岛上的银器不知怎么变黑了，人们嗅到了难闻的硫黄气味，家畜变得不安和难以控制，大地也多次震动，在4月25日那天更有浓烟从培利山上升起。可惜人们没有把这些现象和火山将要大爆发联系起来。倒是有些动物很敏感，那些经常在培利山上出没的野兽不见了，平时在山麓大量出现的蛇溜走了，连鸟儿也不肯再在靠近培利山的树木上停留，有些动物甚至在大街上倒毙了。

这一切和火山爆发有什么联系呢？难道不会是一种偶然的巧合吗？

不，这不是一种巧合，而是有它内在的联系的。在火山爆发以前，岩浆早就在地下大量聚集，并且向地表迫近。这时岩浆中的气体和水蒸气有一部分先行飘散出来。培利火山喷出的气体中，有硫黄的蒸气和许多含硫的气体，因此，人们嗅到了难闻的气味。硫和银化合能生成黑色的硫化银，所以银器的表面变黑了。临近大爆发的时刻，飘散出来的气体和水蒸气更多。看起来就好像冒烟了。由于这些气体有的是有毒的，同时，岩浆温度很高，它在地下聚集的时候，使那里表土的温度升高，这些都会使那些敏感的动物不能适应，因而它们就溜走了。有的抵抗力弱的动物还会因中毒而死亡。

这样说来,动物岂不是比人更能预先知道火山的爆发吗?

不能这样说,虽然我们的感觉器官有的不如某些动物灵敏。但是,我们会劳动,会制造工具,可以用精密的仪表来进行观测,这是动物生理上的敏感比不上的。比如,我们可以将特制的温度计放到地下去,测量土地温度的变化;可以经常采取空气样品,来化验分析它的成分。我们还造出了一种能敏锐地察觉重力变化的仪器,收集岩浆是不是在地下大量聚集的情报。如果地下的岩浆增多,那里的重力就会加大。在火山爆发前地下常发出的响声,也可以用科学仪器探测出来。

只要我们对火山进行长期的科学的观察,就会发现它的爆发并不是突然的,甚至是有可能预测的。不过,人们从前缺少这样的观察,对火山爆发的预兆也没有充分的认识。所以,对于火山的爆发便感到突然了。

那么,现在对于火山的爆发是不是一点也不感到突然了呢?

也还不是。由于很多条件的限制,今天还只有少数的火山有人经常监视它们的动向,对许多火山爆发前的种种情况还缺乏周密的调查。所以,大多数火山的爆发仍然使人感到有些突然。

岩浆在地下经过长期聚集,终于突破地壳的封锁,冲了出来。火山爆发了。

这时大地震动,山呼海啸,烟云蔽日,烈焰飞天,有时还会带来雷电交加,暴雨倾盆。在一阵猛烈爆发以后,熔岩从火山口里滔滔流出,好像一条条火龙在地上奔腾。有的时候,熔岩特别黏稠,堵塞在喷发的通道里,岩浆不易冲出,在地下越聚越多,产生的压力也越来越大,终于冲开出路,把堵塞物炸成碎屑,飞上天去。所以常常是通道堵得越紧,爆炸也就越猛。培利火山就是这样一座火山。所以在1856年的爆发中没有熔岩在地上流布。1902年涌出了一些熔岩,也因为太黏了,没有沿山坡下流,而是聚集在火山口内不断升高,最高时达到300多米,直径大约有100米,像一座高大的纪念碑矗立在山顶。

培利火山的爆发，在火山活动史上并不是最猛烈的一次。1883年8月，喀拉喀托火山的爆发，规模还要大得多。

喀拉喀托火山位于爪哇和苏门答腊间的海峡中。这里原来有一座古老的火山，已经残缺不全，剩下的部分露出水面，成为几个环形分布的小岛。后来在其中最大的一个岛上诞生了一座新的火山，这就是喀拉喀托火山。1680年，这座火山曾经活动过，以后大约200年间，一直平静无事。到1877年，频繁的地震打破了这里的平静。1883年5月20日开始了喷烟吐火的活动。同年8月26日到28日之间，活动的强烈程度达到了顶点：惊天动地的爆炸将这个岛屿2/3的面积炸成一个深约300多米的大坑；爆炸的声音几千千米以外都能听到；细微的火山灰喷上几万米的高空，远涉重洋，环游世界，在大气中悬浮了很久，以致当旭日东升或夕阳西下的时候，出现了一种特别瑰丽的霞光。爆炸引起了大地震动。在远离喀拉喀托火山160千米的雅加达，许多墙壁和窗玻璃震裂了。爆炸还引起了大气的波动，全世界的气压表都记下了气压的急剧变化。爆炸对海水的影响也很剧烈。大量海水向爆炸所形成的大坑中涌去，激起了阵阵狂涛，波浪高达30多米。它不仅冲击着爪哇、苏门答腊等岛屿的滨海地区，洗劫了许多村镇，使大约36 000人死亡，而且滚滚传播，波及了地球上所有的大洋。

事后对这座火山进行调查，发现在火山颈内还残存着一些特别黏的熔岩。看来岩浆是在地下被逼得无路可走，才以雷霆万钧之力炸出一条通道的。阿拉斯加的卡特迈火山1912年6月6日的爆发也十分剧烈，火山的整个山顶都被炸掉了。

假使火山喷发的通道堵塞得不那么严紧，爆发起来就不会这样剧烈，甚至没有爆炸产生。不过，它们的活动往往比较频繁。

在地中海中，有一座非常有趣的斯特朗博利火山。它每小时喷发两三次，至少已持续了2 000年以上。这座火山是从海底堆起来的，构成了一个锥形的岛。因为这里没有发生过猛烈时爆炸，山峰还保留着比较完整的锥形,人们也可以登上山去窥测火山口。在实际调查以后,发现火山口像一个深深的杯子,里面经常充填着许多半流动状的赤热的熔岩。这些熔岩没有将通道堵死,在火山口内有几个小的喷发孔轮番地喷出气体、水蒸气和熔岩。那些气体、水蒸气喷出的时候,就像吹玻璃似的使熔岩膨胀涌起,终于破裂,因此,爆炸不强烈,抛起的大量熔岩、碎屑,也只是像雨点似地落下来,没有太大的威力。由于气体和水蒸气得到排泄,火山口内暂时缓和下来。等它们再次聚集以后,又产生新的爆发。这样,我们就看到了频繁的周期性的火山活动。

到了夜间,每当斯特朗博利火山爆发的时候,山顶上便闪耀出一阵阵红光,周围160千米以内的海面上都看得见,因此它得到了"地中海上的灯塔"这个美名。

拉丁美洲萨尔瓦多海岸上也有一座类似的灯塔——伊察科火山。自1770年2月23日开始活动以来,它一直是每小时喷发几次,到1957年才停止。

地球上能够成为天然灯塔的火山并不是很多的。但是爆发不太强烈,活动比较频繁的火山却不止一座。

喷发而不爆炸的火山在今天的地球上比较少,只有夏威夷和冰岛的火山具有这种特性。

夏威夷群岛在太平洋的中央。这些岛屿都是火山喷出的熔岩堆起来的,最大的一个岛是夏威夷岛。岛上现在还有两座活火山,一座叫洛阿火山,海拔4 168米;一座叫基劳埃阿火山,海拔1 247米。两座火山互相连接,基劳埃阿火山就像在洛阿火山山腰上一样。这是一块比较平坦的地方,好像山腰的一个阶梯,看不见锥形的山峰。在人们眼前的火山口,是一个充满了赤热熔岩的"火湖"。一到火山喷发的时候,"湖水"就涨了起来,漫上"湖"岸,向低处奔流,形成熔岩瀑布、熔岩河流。这里的熔岩流速很高,每小时可达二三十千米。由于火山喷发的通道堵塞不严,极少发生爆炸,因而也没有碎屑物质喷起。人们看到的只是像喷泉一般涌出的熔岩。

这里的熔岩之多,十分惊人。基劳埃阿火山喷出的熔岩曾经形成了长约 50 千米、平均宽度大约 2 500 米的巨流。1868 年,夏威夷群岛上的火山流出的熔岩,体积达到 16.7 亿立方米。如从海底算起,熔岩构成的夏威夷岛高达 9 000 多米。

但是,现在冰岛上的火山喷出的熔岩,规模比夏威夷岛上的还要大。1783 年,这里的拉基火山喷发,流出的熔岩达到 129 亿立方米以上,掩盖了 565 平方千米的面积。

为什么拉基火山喷出的熔岩的规模能有这样大呢?

原来我们前面谈到的种种火山活动,都是岩浆经过管状的通道从地下冲出来的,称为中心式喷发。而拉基火山的喷发,却是岩浆沿着一条长达三四十千米的裂隙溢出,称为裂隙式喷发。长长的裂隙当然要比管状的孔道更便于岩浆冲出地面,所以流出的熔岩很多,流布的面积也很广。

在今天的地球上,只有冰岛还有裂隙式喷发出现。但是,在地球历史上,这种类型的火山活动却是很多的。我国东北长白山一带,内蒙古中部,福建、浙江两省,四川、云南、贵州交界处,都有过这种喷发,留下了大片熔岩凝结成的岩石。长白山一带,这些岩石分布的面积达到 4 万平方千米左右,可以想见当时火山活动规模的巨大了。不过,这还不是最大的。在地球历史上,熔岩流布的面积有达到几十万平方千米以上的。这种地区有好几处,印度的德干高原就是一个由熔岩构成的台地,面积达到六十几万平方千米。这样大的规模,显然不是中心式喷发所能形成的。今天的火山活动和地球历史上的火山活动有相同的地方,但不是历史的重演。自然界的事物是不断发展变化的,火山的活动也是这样。

猛烈的爆发过去了,熔岩也停止流出,大地恢复了平静。但是,不少火山仍然余波未平,继续产生影响,出现许多新的奇迹。

1912 年阿拉斯加卡特迈火山大爆发后,那里出现了一个奇异的万烟谷。几百万股气流从地下不住地喷出,温度很高,可以把锅子放在上面做饭。这些气流大部分是水蒸气，升空以后凝成了云雾。

喷烟是好些火山猛烈爆发后遗留下来的现象。墨西哥首都东南有座波波加德柏特尔火山，顶上已经盖上了白雪，仍然经常为水蒸气和硫黄蒸气形成的云雾所笼罩，新西兰北岛上的塔拉威拉火山在1886年爆发后，长期有烟云在火山口内盘旋，七八十千米以内的地方都看得见。

火山爆发以后喷出的烟中，已经没有碎屑物质了，主要是水蒸气和其他各种气体。要是水蒸气多，就形成烟雾；水蒸气少，不一定能看见冒烟的现象。但是，因为还有气体从地下喷出，有时会形成一些别的看起来很奇怪的现象。日本的越中立山和三瓶山中有的地方，鸟儿在那里停留就会死亡。原来，那里的地下有大量喷出二氧化碳的孔隙，二氧化碳多了，氧气缺乏，鸟儿不免要窒息而死。

在对许多火山遗留的喷气孔进行调查以后，人们还发现，喷出什么气体，与它们的温度有关系。当温度很高的时候，氯气和氯化物的蒸气就比较多；在温度大约一二百摄氏度的时候，含硫的气体占重要的地位；而到了低于100℃的时候，二氧化碳又成为主要的成分。这些气体的成分和温度的变化，可以帮助我们预测火山的活动。要是它们的温度逐渐升高，这就表明火山有复活的趋势。反过来，就表明它们的活动能力在逐渐减弱。

温泉从地下涌出，是火山活动以后更为常见的现象。地球上的温泉很多，不一定都与火山活动有关。但是，不久以前有过或者现在还有火山活动的地区，温泉特别多，也常常比较热，这显然是受了火山活动的影响。

在火山爆发的时候，大量岩浆冲出了地面，也有不少岩浆留存在地下。这些残余的岩浆像个大火炉一样，把附近的地下水烘热了。岩浆中的水蒸气凝结成热水，流入地下水中，也能使地下水的温度升高，当这些地下水涌出地面的时候，就出现了温泉。云南西部温泉很多，就与那里有过火山活动有关。白头山也找到了温泉，就在天池下面约900米的地方，水的温度达到70℃以上。许多火山地区都有温泉。冰岛这个国家，火山很多，温泉也特别多。那里的人们广泛引用温泉来取暖，使首都雷克雅未克成了世界上第一个暖气化的城市。

岩浆在地下不仅能将水加热，有时还能使它达到沸腾的程度，形成大量水蒸气，体积膨胀，产生压力。这时，如果泉水涌出地面的通道细长狭窄，并且被温度较低的水堵住，水蒸气就会越聚越多，压力越来越大，终于到了堵塞不住的程度，于是就像火山爆发似地喷了出来。这样，堵塞在通道中的水便会凌空而起，形成一股高达几十米的水柱，霎时热雾弥漫，水沫飞舞，极为壮观。

在大量水蒸气喷出以后，地下的压力减轻了，泉水恢复常态，等到水蒸气聚集多了，就再一次喷起。因此，这些天然的喷泉总是间隔一定的时间喷发一次，很有规律。

在冰岛、新西兰、堪察加等现在还有火山活动的地区，这种间歇喷泉是很多的；在某些从前有过火山活动的地区，像我国的西藏、美国的黄石公园，这种间歇喷泉也不少。

岩浆在地下的冷却是很慢的。同时，在火山停止喷发以后，它还有可能在地下继续活动。因此，火山活动的余波可以延续很久。在100万年，甚至几千万年以前有过火山活动的地区，温泉也很多，就是这个道理。

为什么会有火山活动

火山爆发是岩浆冲出地面的结果，那么，岩浆又是从哪里来的呢？

在18、19世纪和20世纪初期，流行过这样一种看法，认为地球只有表层的地壳是固体状态，地壳以下充满着高热的岩浆，只要什么地方有可能让岩浆冲出来，那里就可能有火山活动。这种看法的产生，与人们在打井、开矿等生产活动中发现地下很热，而且是越深越热有关。在矿井中，挖得越深，温度越高。当地面白雪皑皑的时候，井下竟温暖如春，甚至炎热超过酷暑。不过在紧靠地面一带，并不是如此，那里的温度要受到气温变化的影响。在这一带下面，还有一个常温层，温度经常保持稳定。常温层约在地下几米至十几米一带。要穿过常温层，才会出现越深越热的情况。根据许多地方实测的结果，平均计算起来，每深入地下100米，温度便大约要升高3℃。各地虽有差别，大体上符合这个规律。照这样计算，在地下30多千米的地方，温度超过1 000℃，许多岩石都能熔化了。到了60千米深的地方，温度可达1 800℃，最难熔的岩石也该熔化了。因此，人们很容易想到地下深处的物质是处于熔融状态的。

在地球内部，是不是总是每深入100米，温度便升高3℃呢？这不可能。因为地球的半径有6 300多千米，要是这样不断地升高，地球中心的温度将接近2×10^5℃，地球早该爆炸了。在地下很深的地方，热的传导比表层容易，可以比较均匀地散布，受深度差别的影响会小一些，温度估计在两三千摄氏度左右或更多一些。但这也足以使岩石熔融了。地球内部都是熔融状态的物质这种看法，似乎颇有根据。特别是这种看法在和地球是一团炽热的星云冷凝而成的假说结合起来以后，更显得颇有道理。据认为，在地球形成以后，外层先冷，凝结成固体的地壳，内部余热未尽，仍然是熔融的液体。在地球历史上，开头由于地壳还不牢固，所以岩浆沿裂缝大量溢出；后来地壳日益牢固，因而大多转为中心式喷发。

但是，近几十年来，人们探知的许多事实，使以上这种看法产生了动摇。由于地震时产生的波动可以探测地球内部的物质状态，人们发现地球内部从地壳到地下2 900千米这一层，只有固体才能传播的横波能够通过；在地球的最中心部分也有横波出现。都说明地球里面全是熔融的液态物质这种假设不能成立。现在人们比较相信岩浆只是局部地存在，它是地球某些部分温度升得特别高或压力有所减轻造成的。这种想法，是在人们测定了地球内部的热源主要是放射性元素的作用以后产生的。地球内部有许多放射性元素。它们每时每刻都在放出热能，维持着地球的"体温"，使它不致冷却和收缩。有些地方放射性元素特别多，温度比较高，岩石就熔融了。

在地下几十千米的地方，温度已经能使岩石熔融，曾经有人设想在地壳下，广泛分布着一层液体的岩浆。但是，地壳下的压力很大，而且越深越大。在地下 50 千米的地方，压力大到 130 万千帕。在这样巨大的压力下，固体是不容易熔成液体的。在将压力加大到略高于 200 万千帕的时候，便能得到 80℃ 的"热冰"。因此，一般认为，地球深处的岩石是处于一种温度很高的潜在的熔融状态中，表现为固体状态，但具有塑性，当某处所受的压力减轻，或温度升得很高的时候，就会转变为液态的岩浆，进入地壳中活动起来。岩浆不是广泛分布在地下的某一层中，而是东一起西一起地分散在各处。

由于我们对地壳的情况了解得不多，许多问题还需要继续探索。不过可以肯定，地下的温度确实很高，高到足以使岩石熔融的程度。但是，地下的压力也很大，限制着岩石的熔融。岩浆就是在这种相互矛盾的影响下形成的。当它冲出地面的时候，我们看到了火山爆发的现象，而更多的岩浆没有机会冲出地面，在地下慢慢冷却，成为岩石。天安门前人民英雄纪念碑所用的花岗岩，就是这类岩石中最常见的一种。由岩浆凝结而成的岩石，在地壳中占有特别重要的地位。在构成地壳的岩石中，有 90% 以上是这类岩石。许多矿产的形成也和它们有关。

岩浆要冲出地面，得有出路。出路在哪里呢？

如果地壳中有一块地方产生了裂缝，那里所受的压力就会减轻一些，因而促进岩浆的活动，并且为它们的冲出提供通道。

不过，并不是只要地壳中有裂缝，岩浆就能冲出来的。有时岩浆钻进裂缝里，就在里面凝结起来，使那里的地壳加固，反而不能冲出。但是，裂缝的产生确实为岩浆的冲出创设了条件。今天的活火山大都分布在那些地壳中有着大裂缝的地带。

裂缝的产生是地壳运动的结果。当地壳中发生断裂的时候，大地就震动了。因此，火山活动多的地带，地震也很频繁。岩浆的活动能促成地震，有的大地震也能促成火山的爆发。1960年5月智利大地震以后，好几座火山接着爆发了。

有了可能冲出的通道，岩浆是不是就会立刻冲出去呢？不，这还要看岩浆本身冲击力量的大小。

岩浆的冲击力量从哪里来的呢？

岩浆很热，按说在这样的高温下，气体和水分在里面是难以藏身的。在平地上，水到100℃就会化为蒸汽。但是，地下的压力很大，能使气体和水分包容在岩浆之中，有些像汽水和啤酒在加大压力的条件下，能包含较多的二氧化碳一样。当岩浆向地表运动的时候，越是接近地表，受到的压力越小，气体和水蒸气就逐渐从岩浆中分离出来，产生压力，最后冲开了出口，产生了爆炸或比较温和的喷发。这种看法是比较可信的。可是，岩浆为什么会向地表运动呢？我们可以说是地壳运动的影响。但是，究竟是怎样影响的呢？这又是一个难题。有的人设想，这是由于地球在收缩，所以把岩浆挤上来了。有的人看法相反，认为这是地球某些部分温度升高，体积膨胀，岩浆自己挤上来的。假说很多，但是我们可以肯定的有这样一点：岩浆的活动与地壳运动有密切关系。在那些地壳运动强烈的地带，岩浆最为活跃，最有可能冲出来。今天地球上活火山的分布正好证明了这一点。

地球上哪些地方有火山活动

打开世界地形图，便可以看见太平洋东岸盘踞着绵长高峻的科迪勒拉山系。西岸从堪察加半岛开始，向南经千岛群岛、日本、菲律宾、伊里安、新西兰直到南极大陆，分布着一系列大大小小的岛屿。它们都伴邻着深达五六千米以上的狭长的海沟。这是地球上高低相差悬殊的地带，也是地壳厚薄变化很大的地带。在地球历史的最近阶段，这一带曾经发生过强烈的地壳运动。地壳被挤得上凸下凹，形成高山深海，产生了许多又深又长的裂缝。现在这种运动还没有完全停止,地震频繁剧烈,火山活跃。地球上500多座活火山中,有300多座分布在这一带。人类记载下来的火山活动,约有4/5发生在这一地带。因此,环抱太平洋的这一带,被称为地球的"火环"。

"火环"东部的活火山,主要集中在拉丁美洲西海岸和阿拉斯加一带。在南美大陆上,活火山从北到南像一串珍珠似地排列在紧靠太平洋的高山中。由于地势很高,这些火山常在海拔四五千米以上。厄瓜多尔境内的科托帕克西火山,高达5 896米,是世界上最高的活火山。山顶经常积雪,远远望去,好像戴了一顶白色的帽子。可是,这样寒冷的山头,曾经多次喷烟吐火,特别是在18、19世纪,活动相当频繁。1877年6月26日科托帕克西火山的爆发,曾经造成了约1 000人死亡的灾祸。1903年,这个火山也活动过。

——— 雪线

——— 森林生长线

5 896米高的科托帕克西火山

连接南北美大陆的狭长的中美洲,约有30座活火山。如果把紧挨着这里的加勒比海一带的活火山也算上,就有40座左右。从这里往北,墨西哥也有几座活火山,主要分布在南部。在这些活火山中,像佐鲁罗火山、波波加德柏特尔火山都是很有名的,特别是帕里库廷火山,它在1943年2月20日诞生,到1952年2月25日停止活动。由于它的威力不算很大,在停止活动前经常爆发,所在的地方交通又比较方便,便于观察研究,因此,人们在这里看到了一个火山从诞生到停止活动的全部过程，这是很难得的。

在墨西哥以北的美国和加拿大的广大面积上，只有很少几座活火山。美洲西北部的阿拉斯加和它附近的阿留申群岛，活火山相当多，将近30座，著名的卡特迈火山就在这里。

和阿拉斯加遥遥相对的堪察加半岛，有二十几座活火山。克柳切夫火山是这里最活跃的一座，平均每隔七八年就要爆发一次。它喷出的东西堆成山，体积达到3 400立方千米。近年来，这里还有一座无名的火山也很活跃，在1961年一年中就爆发了3次。

堪察加半岛南边的千岛群岛和日本，活火山也很多。在日本，有将近60座活火山。盘梯火山在1888年7月15日爆发极为猛烈，有些和卡特迈火山1912年的爆发相似，落下来的火山灰堵塞了附近的河流，引起洪水泛滥，造成很大的损失。著名的富士山自1707年爆发以后，已经长期没有活动。但是，它的火山特色的外形，非常引人注目。最近的年代中，由于各种自然力的作用，它的火山口已有些破坏了。听说日本人正打算把它修补、维护起来，保存这个胜景哩。

从日本向南，到菲律宾，这里有十几座活火山，最著名的是吕宋岛上的马荣火山。自19世纪以来，这座火山已经爆发了26次，最近的一次是在1914年爆发的。

从菲律宾经伊里安到新西兰，分布着四十几座活火山。1960年3月17日，伊里安岛东北约15千米的马那岛上的火山爆发，毁灭了两个村庄。

新西兰北岛上的塔拉威拉火山1886年的爆发，是这一带火山活动中很有名的一次。这次爆发使火山的山头撕裂为二，喷出的火山灰覆盖了1万多平方千米的面积，还带动7个巨大的间歇喷泉同时喷起，形成奇观。

和新西兰隔海相望的南极罗斯海边——"火环"的最南端，有特罗尔火山、埃里伯斯火山，都是活火山。

紧靠着"火环"西侧，在印度尼西亚以爪哇为中心的一串弧形的岛屿上，活火山也很多，将近100座。这里也伴邻着很深的海沟，和环太平洋一带的火山的情况类似。

爪哇岛上有二十几座活火山。墨拉比火山活动比较频繁。1931年这座火山的爆发使1 000多人死亡。隔了30年，它再度活动，曾使火山附近的日惹市长时间感到猛烈的地震，许多墙壁被震裂了，附近十几个村庄的居民被迫迁走。

苏门答腊岛、马鲁古群岛、佛洛里斯岛等处的活火山加起来在40座以上。不过近年来活动不多。倒是只有3座活火山的巴厘岛，在1963年竟有两座爆发，特别是阿贡火山，爆发规模很大。阿贡火山在这次爆发前并不出名，这次爆发却极为猛烈，颇有点不鸣则已，一鸣惊人的样子，造成约1 900人死亡。

从印度尼西亚向西北经喜马拉雅山、中亚细亚、阿尔卑斯山直抵大西洋东岸，包括地中海和北非边缘一带，也是地球历史上最近阶段的一个活动地带。这里高山很多，是在几千万年以来逐渐形成的，有的至今还在上升。地震在这一带也很频繁剧烈。不过，除了位于两端的印度尼西亚和地中海附近，几乎没有一座活火山。可能因为中间的高山地带地壳比较牢固，比较厚，岩浆不易冲出来。但也不是绝对没有可能，新疆南部山中的活火山就出现在这种地带。而在当初地壳急剧上升隆起成山的时候，地下所受的压力减轻很多，岩浆一定更为活跃。事实确是如此，那时是有不少火山活动的。许多地方找到了死火山，欧洲最高峰高加索的厄尔布鲁士山，就是其中的一座。

地中海和它附近的活火山主要有维苏威火山，西西里岛上的埃特纳火山，利帕里群岛的斯特朗博利火山、武耳卡诺火山和希腊散托宁湾一带的火山。它们的活动都比较多，为人们所熟悉，别的不太知名的活火山还有十来座。

地中海南面的非洲大陆，是一个由坚硬的岩石构成的大陆。由于地壳较硬，受到压力时不容易发生弯曲，但能发生破裂。在非洲东部，有一个巨大的断裂带，断裂后有的部分陷落，有的部分升高，形成了从南到北像个槽子似的深谷；有的地方蓄起了水，成为狭长的湖泊；而沿着裂缝，岩浆活跃起来，在有的地方冲出，成为火山，如已经不活动了的乞力马扎罗山、肯尼亚山；现在还有好几座火山具有活动能力，如尼腊刚果火山、尼亚姆拉吉腊火山、卡里辛比火山、特累基火山等。

西非的喀麦隆火山也是出现在地壳发生断裂的地方，1959年还爆发过一次。

在非洲东西两岸的一些岛屿上，如东岸的科摩罗群岛、西岸的佛德角群岛，都有活火山。

佛德角群岛的北边，大西洋中的亚速尔群岛一带有好几座活火山，有的在水下爆发过。这种水下火山在其他地方也有，总共将近70座。由于我们对海洋了解得不够，很可能还有没有发现的水下火山。事实上，许多岛屿上的火山本来也在水下活动，后来因为火山喷出的东西堆得多了，才成为岛屿。这些岛屿的形成往往还得到珊瑚的帮助。风浪对岛屿不断破坏，珊瑚的生长能补偿这种破坏，帮助岛屿屹立在风浪之中。

世界上的活火山，除了上面谈的那些地方，要算冰岛的比较多了。它一共有二十几座，比较著名的有1783年喷出大量熔岩的拉基火山，1947年爆发过的赫克拉火山。1963年年底和1964年元旦，冰岛附近的水下火山更为活跃。它们连续爆发，很快就堆成了两座新岛。

在我国境内，火山很少，因而火山活动极为罕见，1951年新疆火山的活动，是19世纪以来仅有的一次。不过，历史上关于火山活动的记载也有一些，除了本书开头谈到的白头山、火烧山、大黑山曾在清代有过活动外，云南西部腾冲附近的打鹰火山也可能在明代有过活动。著名的旅行家徐霞客前去访问的时候，曾听说在30年前山上突然打起雷来，烧起大火，把竹木都烧光了；有几个牧人在那里放牧五六百只羊，也都因而死亡；山顶原有的四个水潭也不见了。这里所描述的情景，很可能就是一次火山爆发。

我国现在还经常活动的火山虽然不多，但在最近100万年以来或略早一些时候有过活动的年轻火山却不算少。它们大多还有可以认出的火山外形，主要分布在东北、内蒙古、新疆南部、山西、云南西部、台湾、雷州半岛和海南岛等地，长江下游也有一些，总共有100多座。这些火山虽然长期没有活动，但是有的火山并不是没有再度活动的可能的。

在漫长的地球历史中，不知发生过多少次火山活动。许多古老的火山，今天已不见踪影。但是，它们造成的岩石却有许多在地层中保存了下来。这些岩石有的是熔岩凝结而成的，像玄武岩、流纹岩；有的是火山灰或其他喷出的碎屑物质经过长期堆积、压紧、胶结而成的，如火山凝灰岩、火山角砾岩。它们都有与其他岩石不同的特征，因而我们能够根据它们来认出什么时候什么地方有过火山活动。比如，在北京地区，在五六亿年前形成的岩石中，夹有许多熔岩凝结成的岩石，分布在今天平谷县一带。2亿年前的火山爆发，也在岩石中留下了痕迹。到了1.45亿年前的时候，更有熔岩大面积流布，以后继续有火山不时爆发。在鬐鬐山、妙峰山、沿河城等地可以看到这些活动形成的岩石。最近几千万年以来，北京地区没有火山活动了。在我国其他地区和别的国家，火山还是比较活跃的。长白山一带和内蒙古中部都有大量熔岩流出。美国东北部哥伦比亚河、斯内克河一带，熔岩的流布也很广，面积达到六十几万平方千米，形成了哥伦比亚高原。这个时期是火山活动强烈的时期。

对火山活动的遗迹进行调查的结果表明，地球历史上的火山活动不是越来越缓和，而是有时强有时弱，大体上在地壳运动特别强烈的时期，火山活动也比较强烈。在1亿多年前的时期，正是燕山和许多其他高山崛起的时期，所以北京附近火山活动很多，东南福建、浙江一带也有熔岩大量流出，使地形变得如同高台一般，以后受到风雨等的破坏，形成了许多山峰，著名的雁荡山就是由熔岩凝结的岩石构成的。在南美巴拉那河流域一带，那时也有熔岩大量流布，面积达到大约75万平方千米。

和地球历史上火山活动强烈的时期比起来，今天的地球正处在一个火山活动比较缓和的时期。

217

火山活动是坏事还是好事

在报纸上,我们常常看到火山爆发造成灾害的消息。

培利火山 1902 年的爆发毁灭了圣佩耳城。维苏威火山在公元 79 年的爆发,把庞贝等城市埋葬了。喀拉喀托火山 1883 年的爆发使 36 000 人死亡。从这些不幸的结果来看,火山爆发真的是一件坏事。

火山是怎样给人类造成灾害的呢?

火山喷出的气体温度很高,运动的速度很快。

1902 年,培利火山爆发的时候,前进的气流把圣佩耳城中几吨重的雕像掀出了好几米远。许多火山喷出的气体还有剧毒,如氯气、氟化氢等,能使人中毒身亡或窒息而死。不过在一般的情况下,这些气体大多凌空而去,不会造成多大的危害。1902 年培利火山爆发时,气流向水平方向推进,是很少见的。

火山最厉害的武器是它喷出的碎屑物质和熔岩。那些大一点的石块从空中落下来的时候,比冰雹还要凶猛,当然会破坏庄稼,甚至毁屋伤人。公元 79 年维苏威火山爆发,许多人在头上顶着个枕头逃难,就是为了抵挡落下来的石块。这些石块在地下堆得多了,原来的良田变成了不毛之地。除了石块,细微的火山灰落下来也能损害庄稼。沾

1822 年 10 月维苏威火山喷发

上火山灰的桑叶,蚕儿都不吃。火山灰常常落得很多,把田地、牧场、水井、道路都掩埋了,甚至把整整一座城市全部埋葬。维苏威火山喷出的火山灰和其他碎屑物质堆了7米多厚,因而能把整座庞培城埋在地下,过了1 600多年才发掘出来。

火山喷出的熔岩,比碎屑物质要少得多。但是温度很高,常在1 000℃以上。因此它经过的地方,树木成灰,房屋焚毁。当然,流得远了,温度会逐渐降低,表面结起硬壳,但是破坏性仍然是很大的;它可以淹没村庄,侵入城市,堵塞道路……维苏威火山喷出的熔岩曾经多次侵入附近的村镇。1794年,一股熔岩流进了格雷柯这个小城,高大的教堂被埋了半截,大街上充满了熔岩,400多人因而死亡。1906年喷出的熔岩,达到2 000万立方米,向山下冲去,流了11千米,吓得那不勒斯城内的居民迅速逃跑,一时成了一个空城。1944年3月,维苏威火山又一次爆发,流出的熔岩侵入了当时的美军基地,破坏了机场和一些飞机。

火山喷出的碎屑物质或熔岩,还能堵塞河流,使河水泛滥成灾。

火山爆发时引起的地震和海啸,也会造成灾害。如喀拉喀托火山1883年的爆发就曾造成这种灾祸。

要是我们事先能知道火山什么时候爆发,这些灾害就可以预防了。现在看来,这是有可能做到的。火山快要爆发的时候,预兆很多,如果能长期观察分析,大体上掌握它将在什么时候爆发,并不是不可能的。

火山爆发是件坏事,按说人们应该远远离开那些可能爆发的火山才是。然而事情很奇怪,常常是距离这些火山越近,人口越是稠密。

维苏威火山在公元79年以前,人们以为它不会活动了,在山坡上种起葡萄,山下修起城市,这还可以理解。可是在公元79年以后,这座火山隔不了多少年就要爆发一回,而且多次造成灾害,夺去了大量的生命财产,人们却照旧在那里居住。在墨西哥,人口密集的地方常常是有火山的地方。

这到底是怎么一回事呢?

火山爆发固然是件坏事,也是件好事。火山喷出的火山灰既能进行破坏，又是天然的肥料。落过火山灰的地方，土地变得肥沃。如果气候等其他条件也很好，就可以帮助人们得到别处少有的丰收。古巴、印度尼西亚盛产甘蔗，中美洲的水果很多，都与火山的贡献有关。如果没有维苏威火山的活动，意大利许多地方将变得贫瘠不堪。火山爆发起来是有危险的。但是，在人们的心目中，这不知是哪一年才发生的事。因此，在火山爆发以后，他们仍然到那里去从事生产活动。

火山活动有它有利的一面，如果能对它的危害进行预防，那就完全成为一件好事了。

火山喷出的东西，有很多是有用的。火山灰不仅有肥田的作用，而且是天然的水泥。古罗马人能够修建许多雄伟的建筑，就与使用火山灰作为胶合材料有关。人们现在还用它来做水泥原料。掺有火山灰的水泥，成本较低，比普通水泥轻、抗水性强，适于在大规模水泥工程中使用，缺点是抗冻性较差，受温度的影响大，不适于冬季施工。

火山的另一种喷出物浮石，在建筑工程中也很有用。浮石是一种多孔的岩石，孔隙多到能使它漂浮在水面，因此得到了这个名称。浮石是某些含气体多的熔岩凝结而成的。这种熔岩冷却得很快，气体分离出来就被封闭在内部，因而形成许多空洞。由于空洞多，用浮石制造的水泥，体轻、隔音、隔热，抗水性强。此外，它还是重要的研磨材料。

许多熔岩凝结成的岩石都很有用。那些分布很广的玄武岩，非常坚固，可以作为建筑材料。近年来人们将它熔化，浇铸成管子、绝缘体、各种器皿等。有些别的熔岩凝结成的岩石，也可以拿来熔化浇铸。

火山活动还能造成硫黄、砷、铜、铅、锌、氯化铵等矿产。火山颈内更是形成金刚石的好地方。火山喷出的许多气体，像氯化氢、二氧化硫、氟化氢等都很有用。火山，简直像是天然的化工原料厂。可惜现在还没有利用起来，白白让一些原料跑掉了。

火山拥有的最大财富是热。在不久以前有过火山活动或者现在还有火山活动的地区，常常有大量热水、热气蕴藏在地下，是一种很有价值的资源。现在人们刚刚利用了一点点，就已经得到不小的好处。我们只要用管道把温泉引出来，就可以不用烧煤而得到热水。有些温泉，温度很高，还可以用来发电。

火山，好像地下的大锅炉，也称得起是大自然的工厂。我们的任务就是要防止它的危害，充分利用它的财富，使它乖乖地为人类服务。

XIABIAN
下编

孕育黄河文化的地质环境*

黄河流域的地形特征

君不见黄河之水天上来,奔流到海不复回! 李白豪放的诗篇写出了黄河的气势,也反映了中国大陆西高东低而且相差悬殊的地形特征。

古代的中国人,至少在 2 000 多年前就约略认识到,中国大陆西部高峻,东南低平。由此流传过一个悲壮的神话:水神共工因争夺统治权失败,发起怒来,用头将位于西北方的擎天巨柱不周山撞倒,使得东南的大地也缺陷倾斜,一时水往这低处聚集,造成了巨大灾害。神话是想象出来的,但多少有点真实的影子。古时候确实有过洪水为患,而中国大陆是东南低,北部尤其是西部很高。在人的足迹愈来愈多地踏遍了这些地方以后,对这种形势的认识也愈来愈明白了,直至能总结出这"天下地势"自西而东、自北而南,犹如高屋建瓴。这一地形大势,是否也影响了中国历史的进程?请看,历史上多少次都是谁控制了上游,谁就有可能统治全中国,而在东南只能偏安。

经过科学的地形测量,人们发现中国大陆自西至东高低相差悬殊,为

---

* 原载 1994 年华艺出版社出版的《黄河文化》。

世界上所少有,而且是沿两条边界上陡然跌落,形成三个巨大的阶梯,在黄河流经的地域,这个特点表现得最为典型。

第一道边界为自祁连山迤逦转折向南,至滇西的横断山脉一线,即青藏高原的前沿。这个高原表面的一般高度达到海拔4 000~5 000米,分布在上面的山脉峰峦的高度,更多超出了这个数字。而越过这道边界,地势骤降到海拔3 000米以下,更可低到海拔1 000米上下,甚至更低。

再向东去,沿大兴安岭、太行山、巫山、雪峰山至滇东高原东侧,又构成了一条地势陡然跌落的边界,在此边界以东,多为平原和低矮的丘陵,也有些山岭,但即使是在那里看起来很高大的山岳,实际高度也不过1 000多米,极少超过2 000米的。如号称"五岳之首"的泰山,其最高峰的高度也仅有1 524米,要是摆到西部去,简直像个山中的侏儒,但它的高大却曾引起孔夫子的惊叹,"登东山而小鲁,登泰山而小天下**"。杜甫也为它的雄壮写下了"岱宗夫如何? 齐鲁青未了……会当凌绝顶,一览众山小"的诗篇。这是因为孔夫子西行不到秦,而杜甫作此诗是在他的早年,足迹尚未出黄河下游地区。居住在中国大陆最低的这个阶梯上的人们,尤其是在东部的平原上,这里的海拔高度还不到100米乃至不到50米;泰山,或者最高也不过1 440米的中岳嵩山,自然都要使人们感到崇高甚至神圣了。

青藏高原是三大阶梯中最高的一级,就地理形势来说,这里居高临下,最占优势。公元七八世纪,吐蕃王朝曾以此为根据地,向外扩张,颇为顺利,就部分地凭借了这个优势,连处于鼎盛时期的唐王朝也不敢对它轻慢。但在这高原上,空气稀薄,气候寒冷多变,大部地区土地贫瘠,能够养活的人口有限,吐蕃的强盛终如昙花一现,而与在另外两个阶梯上繁盛起来的黄河文化结为一体了。

考古的发现证明,中国大陆上已有的新石器时代文化遗址,大多分布在两个较低的阶梯上,尤以第二个阶梯上的黄土地带最为密集。大抵是最

225

** 《孟子·尽心篇》。

先在山间河谷两侧的平台上居住,创造了最早的文明;而当能走出山谷,进入辽阔的平原,治水排涝,"平土而居之"的时候,更达到了昌盛的程度。此时人们对黄河在这些地段流过的情况已相当了解,但对它的出处,对那处于最高位置的第一个阶梯,仍无正确的认识,只有个笼统的印象,那是个很高很大的地方,被称为昆仑。当时的人们认为,黄河就是从它的东北角流出的。

这个昆仑,古书中或称为墟,或称为丘,总之是隆起在大地上的一个巨大块体。据说高有5 500千米(《水经》);还有说比平地高出1.8万千米,比日月还高的(《十洲记》)。那广度也很大,周长有说1 500千米,还有说5 000千米的,而且是愈高愈广,所以叫做昆仑。昆的意思是高,仑则表示具有屈曲盘结的状貌。这样神奇的地方自然只有神仙才能居住。最早的传说是人面虎身长着尾巴的神守护在那里,以后这神变成了美丽的女子——西王母,也就是民间所说的王母娘娘。而另一种一本正经的说法是,昆仑是顶天立地的一根巨柱,也是黄帝升天后到下界时的行宫。总之,由于谁也没有去过,在神话故事里可以自由想象。我国最早流传的许多神话都与昆仑有关,如嫦娥奔月的故事中嫦娥偷吃的不死之药,就是后羿到这昆仑山上向西王母求得的。昆仑是一个不仅有壮丽的宫殿,美丽的园林,充满着奇花异草,珍禽怪兽,而且是能使人长生不老甚至是死人复活的地方,成为一个有特殊地位的神话中心。从这里发源的河水,自然也有了圣洁的意义。

白日依山尽,黄河入海流。随着岁月的飘逝,也许是对这西部高原的了解增加,昆仑山有了现有的名称和确定的位置。此处凛冽的寒风与荒凉的山岭,加上道路的险阻,使求仙者望而却步,而那包容黄河不断带去的水和泥沙的茫茫大海,似乎更能引起人们的遐想。结果是上昆仑求仙者仅仅留下周穆王会见西王母的故事,而入海探寻蓬莱仙山的行动,在秦始皇派徐福入海以前,被称为英明之君的齐威王、齐宣王、燕昭王都早已干过了。蓬莱成为中国神话的另一特殊中心。

从昆仑到蓬莱,从高山到大海,在中国陆地上,除了长江,只有黄河,自西而东穿越了这地形上的三大阶梯。它所经历的地域其复杂多变,是使它哺育的文化能兼收并蓄、色彩丰富的一个因素。围绕着昆仑和蓬莱的神话,便多少反映出这一特征。

水向低处流,在地球表面,这是一条铁的规律,地球的重力在无形之中起着作用。地势的高低决定着水的流向,所以位于中国三大阶梯上的黄河要向东流,但这三大阶梯并不是均匀地降低高度,而地表又起伏不平,东部平原中有泰山这样的山丘,西部高原山地中也有不少较低的盆地和谷地。因此黄河不是直线地一泻千里,而且经过了许多曲折。从黄河发源处到大海的直线距离约为 2 160 千米,而黄河的实际长度有 5 464 千米。

水在地面流动时还始终遵守着一条规律,地势高低变化愈大时,流得愈快。而这个流动的速度和水量的多少,决定着它对地面的侵蚀能力和搬运泥沙的能力。在地势陡峭的地方,河水的侵蚀能力强,其主要是向下侵蚀,使河谷变得愈来愈深,两岸陡峭,形如 V 字;在地势低平的地方,河水流速变缓,向下侵蚀的作用减弱,但对两岸的侧面侵蚀作用却加强了。特别是当河流水面的高度接近于所注入的水体表面的高度时,向下侵蚀的作用几乎等于零,主要是对两岸的破坏了。此时的河水还不仅是破坏,也在沉积。河水在流动迅速时能夹带许多泥沙,当流速减慢时,搬运能力降低,就会有泥沙沉淀出来在水下堆积。如在河岸的凸出部位,或者水下有什么东西阻塞水流,那里的流速较缓,便会使泥沙在那里淤积,直至高出水面,成为沙洲、沙坝;河岸的凹入部分则受到侵蚀,愈来愈凹,平原地区的河流常特别弯曲,即有自身的作用。在河流入海的地方,地势最低,加上海水中溶解的氯化钠即食盐使悬浮在河水中的细微沙粒所形成的胶体状态受到破坏,产生沉淀,泥沙大量在河口附近堆积,造成陆地。中国大陆东部的平原,便主要是河流带去泥沙充填造成的,古代流传的"沧海桑田"神话,就是这一自然变化的反映。到现在,这种填海为陆的作用还在进行,黄河河口的三角洲还在向大海推进。

黄河的奔流一方面为地形所决定,另一方面,通过它的活动,也在一定

227

程度上改变着地面的形态。总的趋势则是这些在地面流动的水力求将陆地上高出海平面的部分夷平,同时将破坏后的产物带入海中,将海底垫高,把"精卫填海"的神话变为现实。

这些侵蚀和堆积的作用,最终受到河水流经地的海拔高度所控制。愈高受到剥蚀的程度愈强烈,因为万川归大海,所以河流的作用与这海平面相关;当然也有的河流注入内陆的湖泊中,则与湖面的高度相关了。

不过,影响地面形态变迁的主要因素,最终还是来自地球内部的力量,这些力量推动地壳的一些部分隆起成山,同时造成一些地区下缩成低谷、盆地,而且这些作用至今还在进行,尤以在中国大陆为盛。比如泰山、太行山还在升高,而华北平原在相对下降,所以泰山虽经受了长期的剥蚀,仍保持有相当的高度,华北平原及其附近的海域,则长期成为积聚泥沙的场所。

地壳的升降,会对水的流动和河流的面貌产生影响。

青海湖的东南有条倒淌河,之所以叫做"倒淌",并非说这水会倒流,而是人们习惯于见到江河向东流,而这倒淌河却反其道而行之,不是流向东南注入东去的黄河,却反向西北流去,注入青海湖。考察它的历史,最先也确曾是向东南流入黄河的,但在近几万年以来,这东部的地盘隆起上升,形成日月山、拉脊山阻挡了它的右路,西边则出现了青海湖盆地,水自然要转向流到这里了。古时候人们不知道这个自然变化的原因,于是以充分的想象,流传着文成公主入藏时,路过日月山,思乡流泪,泪水淌成了倒淌河这个故事。

在黄河流经的地区,不少地段在地球历史发展的近期有过上升或下降的活动,这是它以曲折盘绕的形态流向大海的基本原因。那些峡谷便是地壳上升与河流的侵蚀作用相结合的产物。因为如果这里的地壳是处于稳定的状态,由于河流的侵蚀,当河床的高度削减到一定程度时,向下的侵蚀作用减弱,转而为以向两岸侵蚀为主,这时河谷就要逐渐变得开阔起来,不会存在狭窄高峻的峡谷;但如此地壳在不断上升,因河流侵蚀而失去的高度会随即得到补偿,便能保持一直以向下侵蚀为主,河谷不断加深却难以拓宽,于是就会形成自非亭午夜分不见曦月那样陡峭的峡谷。

如果河流经过的地区,在稳定相当的一段时期,河谷已被拓宽,河流两侧还形成了一些平川以后,这里的地壳发生了向上升起的运动,这时又会转为以向下侵蚀为主。河谷加深,原先位于河岸两侧的小块平川,升到了现今洪水也达不到的位置,成为高踞河岸之上的一个个平台,被称为阶地。远远望去,可以看出,它们总是位于一个或若干个水平面上,反映出这里发生过一次或若干次地壳上升的运动,因为同一次上升运动所形成的阶地表面的高度总是一致的。

巡视黄河,我们可以看到,三大阶梯的地形变化,直接影响着黄河的活动,而不同地段黄河所具有的面貌特征,又反映出这些地方所经历的外貌到地下地质情况的变化。

当黄河在第一、第二两个阶梯上流过时,这些地方由于海拔高,因而从总体上来看,是受到流水侵蚀的地区,成为黄河中泥沙的供给地。加上高低变化很大,如从河源到内蒙古托克托,流程3 472千米,落差3 840多米;从托克托到禹门口即传说中"鲤鱼跳龙门"的龙门,流程718千米,落差611米,蕴藏的水力资源都特别丰富。

当黄河流到河南省孟津,出宁咀峡,进入到最低一个阶梯上时,河道突然开阔,从宽300米剧增至宽3 000米,而自此以下直至入海,再也不受峡谷的约束,水流的速度减缓,携带的泥沙一路上大量沉积,但每年仍约有12吨被带到河口,在那里填海为陆。

一般之中也有特殊。在西部的山地、高原中,局部地区地壳的沉陷,会使黄河也在那里淤积出肥沃的土地。千里黄河富一套,河套平原及其南边宁夏的平原的形成,就是这种地质变动的产物;黄河支流汾河、渭河能在一些地段造成平原,也有这个因素。另一方面,我们也可以看到,在东部这个最低的阶梯上,仍有包括泰山在内的群山出现,而使齐鲁青未了。这个位于山东的丘陵山地,像一块砥柱矗立在黄河面前,黄河河口就在它的两侧摆动,将原来是烟波浩渺的大海填成陆地,而它这块最早隆起于海洋之中

229

的地壳凸起部分,也从海中孤岛演变成挺立于平原之上的群山。

黄河及其支流,都有它发育的历史,经历过复杂的变迁,今天见到的"黄河西来决昆仑,咆哮万里触龙门"(李白),只不过是中国大地上沧桑变化的一个片断的场景。

地质基础与黄河文化的关系

黄河水系具有今天的面貌,并能哺育出绵延数千年至今日益昌盛的文化,地质背景是不容忽视的起着控制作用的基础。黄河本身就是地质作用的产物;黄河文化许多特色的形成,也与这里的地质条件相关。

如果将考古学家尹达编制的"中国新石器时代遗址分布图"和中国地质科学院地质研究所编的"中国大地构造分区略图"对比,不难看出,作为黄河文化先导的仰韶文化与龙山文化的分布范围,竟和地质学家划分出来的"华北地台"的疆界有惊人的相似之处,这里面就有地质上的讲究。

说起地质这一词语,早在1 700多年前的中国文献中就已出现了。王弼(226—249)为《周易》坤卦的释词作注,说过"居中得正,极于地质"这样的话。这是哲学家的用语,并无现代科学意义的内涵。

今天我们所说的地质,是指地球或其某个局部的物质组成情况及其演变历史。不仅有空间上的意义而且有时间上的意义,是地质的最大特点。

地质是通过组成大地的物质主要是岩石来认识的。

在黄河流域,从太古代到第四纪的地层,几乎全都可以在地面见到。当然不是说在一个地点就能看全,而是综观全流域各处露出的不同地质时代的地层来说的。

按说,如果地层在形成以后一直维持原来所在的位置,那些古老的地层就不可能被我们看见,现在它们居然有露出地表的,如泰山、嵩山、吕梁山、太行山、五台山、华山等地,都可以见到由变质岩组成的太古代地层。

这些古老地层本位于最下面,怎么也跑到地面上来了呢?这说明此处的地层在形成后又有了变动。首先是此处的地壳曾向上隆起,于是那些古老地层也随着升高,当盖在它上面的较年轻的地层再被剥蚀掉时,就暴露出来了。

当然,在相反的情况下,那里的地壳向下沉陷,就会出现另一种结果。不仅太古代的地层不会露出,比它年轻得多的地层也会被新来的沉积物掩埋得在地面看不见。华北平原就是这种情形,全为第四纪的冲积物所覆盖。

在这些变动过程中,地层受到的影响,往往不止是升高降低的变化,还会从原始的水平展布状态变得歪歪斜斜,产生断层和褶皱。

地层在变动前及变动后所具有的空间上的组合形态,总称为地质构造。有时火成岩体也穿插进来参加到这些组合之中。

来自地球内部的力量引起的地球岩石圈层的运动,是使地质构造具有复杂形态的根本原因。这些运动使地层包括穿插其中的岩体受到挤压、扭转、拉曳等多种力的作用,因而发生弯曲乃至断裂,并使地面隆起或沉降,也有水平方向的位置移动,但人们感受最强烈的,还是这隆起和沉降所带来的影响。隆起能形成不适于人类生存的高寒山区,沉降则可接受泥沙堆积,造出肥沃的原野。而这地形上的差异还能影响到气候、交通。

在黄河流域,从昆仑山到太行山,众多山岭均为在地球历史近期处于上升状态的地带,而华北大平原、宁夏平原、关中平原以及汾河两岸的小平原则为沉降带,由此也不难看出这地球岩石圈层的运动对我们影响之巨大。

不过,地质构造变动所形成的地势起伏,还不等于今天我们看到的山川面貌,还需要在这个基础上,经过阳光、风、水以及生物等自然力的加工。由于各处地质情况的不同,在此起作用的自然力的性质、强弱也多有差异,因而使地面的情形变得复杂,但万变不离其宗:对地面隆起部分进行破坏,再将破坏后的产物搬到低凹处堆积。如此愚公移山,精卫填海,终于有了今日高山、平原交错的黄河流域,为黄河儿女的登场,提供了舞台。而反映中国大地构造格局的秦岭、大别山和阴山山脉,绵亘在华北地台南北两侧,恰似天然壁垒,限制着在这个舞台上的先民们的活动。位于地台内部走向近于南北的太行山脉、贺兰山及六盘山脉等隆起带的存在,也有它们的影响。因此,现在我们可以明白,考古学文化边界与地质学大地构造单元的边界出现相似之处,不是偶然的巧合,正说明地质与文明的发生和发展,有着密切的关系。

地质的影响还不仅表现在通过地形的塑造来起作用。土壤是岩石风化后变来的;地下水受到岩石性质和地质构造的控制;矿藏是同岩石一起生成的,是来自地球内部和外部的地质作用的产物。而土壤、地下水、矿产资源都是对人类生存环境的优劣有重大影响的因素。

在黄河流域,第四纪时形成的黄土地层,厚达几十米至400余米,它们是形成肥沃土壤的优良物质来源。地跨山西、陕西、甘肃的黄土高原,面积广达大约30万平方千米,规模之大,举世无双,是黄河流域地质的一大特色。黄河中的泥沙,90%来源于此。而没有这黄土地,也难有黄河文化的特色。

井泉的分布,决定着先民村落的位置;城市的兴起,也有地下水源优良、丰富这个因素。从商周到战国,盘庚迁殷后的王都以及燕都蓟城、赵都邯郸等一系列名城,都是分布在太行山东麓,显然与来自太行山的地下水可以经过能输水的地层,源源不绝地送到城内有关。此时东边的平原地下水位尚浅,为盐渍所苦,故难以有城市兴起;而隋初舍掉汉朝兴建的长安城,移到东南较高的地方另造新长安城,也包含有旧城井水已"水皆咸卤,不甚宜人"这个水文地质因素。

青铜文化的出现和达到鼎盛,不用说与中原大地及其周围的地下能够提供铜、锡、铅、锌等矿产有关。春秋时晋国能领先用铁铸鼎,当亦得力于那里有一种埋藏浅且较易冶炼的"山西式铁矿"。

地质不止是地球历史的记录,而且包含继续撰写这部历史的内容;我们不仅要看到已形成的地质环境所能产生的影响,还要看到这个环境正在发生的变化。像流水的冲刷、风沙的吹打、海水的进退、河湖的淤积、地面的升降等持续进行的地质作用，日积月累，都能对人类的生活产生重大的影响；而如地震山崩、火山爆发、洪水泛滥更能在短暂的时间内给人带来严重损害。

因此，人类文明的发生和发展，都不能不受到地质条件的制约。有了对地质的认识，我们就不仅能看到黄河及其流经的大地的山川外貌，还能看到它们的构造和历史，从地质的意义上去理解，黄河文化为何由此发祥，名城古都何以在此接连兴起，中原成为逐鹿之地。

黄河流域的地质演变

在地质学中，地台是指构成大陆的地壳内相对稳定的地区。原先此处的地壳活动性也是强的，产生明显褶皱后，隆起成为古陆，此后便再没有产生过显著的褶皱，而是表现为整体性的升降，即变得比较稳定了。华北地台的经历正是如此，它隆起于大约17亿年以前，随后持续抬升，形成中国范围内最大最早的一块古陆。构成这个古陆的岩石，是在产生褶皱过程中，组成物质重新结晶过的变质岩，一些地方还有岩浆侵入凝结，泰山、嵩山及其附近的山区，都可以看到它们的遗迹。

华北地台隆起后，经过十一二亿年，到寒武纪早期才转而下沉，海水漫上地台，古陆面积逐渐缩小；至寒武纪中期，大部分已为海水所淹没。在水下，一层层沉积岩在此累积，形成了地台的沉积盖层，展布在产生过褶皱的结晶质岩石构成的基底之上，其间界限分明，显示了地台所通有的双层结构特征。

华北地台再次上升，始于奥陶纪中期，到奥陶纪晚期，已大部分重新露出水面；持续上升到志留、泥盆纪时期，陆地面积进一步扩大；到石炭纪早期已因受到长期剥蚀而演变成一片准平原；随后又转入间有沉降、海水入侵、形成面积广大的浅海；至二叠纪时，再转为以抬升为主，浅海演变成陆

233

上的湖泊，而且湖面逐渐缩小。在这过程中，大量生物遗体在沉降区堆积，形成丰富的煤炭资源，也有石油和天然气。

华北地台上升的趋势持续到今天，不过这是就整体的总趋势而言，其间或升或降，不同地区之间还有很大差异。

让我们先看黄河下游。

黄河下游，多次改道，或北走海河，或南夺淮水，均因无法穿越前面的山东丘陵，只能在其两侧绕行。

这个山东丘陵，就是那最早升出水面的古陆的一部分，其后虽也有过为海水淹没的时候，如在寒武纪、奥陶纪。但从长期来看，大部分时间是陆地，而且近期还在上升，若非有这一因素，应已被风、水等自然力夷为平地了。泰山所在处的鲁中南山地，上升的幅度比起来要大一些，太古代的结晶岩在此大面积露出。丘陵南北两侧的平原汇合于西，大海包围于东这种形势，更衬托出此处群山之巍峨，其实它们的高度都有限，泰山是最高的，也不过 1 524 米。

出现这种形势，是因为山东丘陵上升的时候，旁边的平原却在下沉。这种沉降曾使海水淹没到太行山麓，太行山与嵩山之间，成为当时陆上的一条巨大洪流即黄河前身的入海口。它和太行山东侧其他众多入海的洪流带来大量泥沙淤积，于是有了今天的华北大平原，山东丘陵也不再孤悬海外了。宋代的沈括对此已有认识，在《梦溪笔谈》中作了很有科学意义的记述："予奉使河北，遵太行而北，山崖之间，往往衔螺蚌壳及石子如鸟卵者，横亘石壁如带。此皆昔之海滨，今东距海已近千里。所谓大陆者，皆浊泥所湮耳。尧殛鲧于羽山，旧说在东海中，今乃在平陆。凡大河、漳水、滹沱、涿水、桑乾之类，悉是浊流。今关、陕以西，水行地中，不减百余尺，其泥岁东流，皆为大陆之土，此理必然。"

沈括看出了河流带去泥沙填海为陆这种外力地质作用的存在，但他尚未认识到，如果不是还存在引起地面升降的内力地质作用，也不可能有今天的华北平原。

平原的形成,不仅要有流水带来泥沙,首先还需要这里地势低下,能接受沉积物。地壳中某些部位向下沉陷,是形成这种场所的根本原因,而这种沉降地带如已被填为陆地,就应不能再接受沉积。像华北平原未被淤塞以前这种大陆边缘的浅海,深度最多不超过200米,按说沉积物的厚度积累到200米左右时,就应高出水面,不再增加厚度。可是现在华北大平原下,第四纪时堆积的沉积物厚达数百米至千米左右,如加上第三纪时的沉积物,厚度更要增加,最厚处可达5 000米左右,最少也有1 500米左右。这说明,新生代以来,这个地区多次及持续下沉,所以能堆积得这样厚。厚度的差异则说明不同时期、不同地点下降的幅度不一,而且也不总是沉降,与从大陆带来的泥沙多少也有关系。全球性冰川消长引起的海平面升降,对滨海平原的沧桑变化更会有直接的明显的影响。这使华北大平原有了一部复杂的历史。

如前已介绍,在整个华北地台以抬升为主的形势下,华北平原这里在中生代早期与西边的山西高原本为一体,也是高地。随后发生了被称为燕山运动的造山运动,对今日中国境内地势起伏的大格局,起了奠基的作用,西高东低的阶梯开始出现,华北平原所在地区即于此时转而沉降,先形成盆地,以后发展成为大平原,成为最低的这个阶梯的组成部分。与此同时,西边的山西高原抬升,太行山在白垩纪末期已具雏形,巨大的断层沿太行山麓延伸,在此两边东降西升,界限分明。

进入新生代时期,又一强烈的造山运动——喜马拉雅运动开始了。不仅喜马拉雅山脉于此时期从海底崛起,青藏高原急剧抬升,中国全境均受波及。山西高原在此影响下,产生了两条近于平行的大断裂带,从北向南贯穿高原的中部,由于位于中国的断块程度不一地向下沉陷,形成狭长的槽形谷地,南端与关中平原所在处的沉降带相接。它们曾蓄水相通,地质学家称之为古汾渭湖;今天虽已被泥沙淤塞成为平川,沉降仍未停止。

持续沉降意味着地势始终保持低下,不用挖很深就能遇到地下水,这固然便于先民凿井而饮,但也易导致土壤盐碱化。像山西太原最早曾称为

"大卤",意为广大平坦的盐渍之地;关中平原也久受盐碱化的威胁。从汾河到渭河,它们所经过的狭长谷地,均是这种地质构造在地形上的反映:中间是下降的断块,两侧则为相对上升的断块所限制,地质、自然与人生,就是如此环环相扣地扭结在一起。

在山西高原西边,吕梁山、秦岭、六盘山、贺兰山等山脉环绕的范围以内,是华北地台中最稳定的一个地区。因为华北地台在形成后,许多地区仍表现出一定的活动性,如山西高原隆起时,这里的沉积盖层便有褶皱,太行山、霍山、吕梁山均分别为巨大背斜上部被剥蚀后所留下的形迹。断裂的活动,更是令人瞩目,有些地方,地下的岩浆活动也偶有表现。但是在这个最稳定的地区内,没有出现这些变动,始终是平稳地升降。它在中生代时曾微微向下弯曲,形成碟状盆地。随后又逐渐升起,长期遭受剥蚀的地面变得相当平坦,海拔却不低,达 1 000 ~ 1 400 米;其南部为黄土覆盖,形成黄土高原;其北部则表现为草原或沙漠。

这北部的草原和沙漠,在历史上都曾是水草肥美之地。"敕勒川,阴山下,天似穹庐,笼盖四野。天苍苍,野茫茫,风吹草低见牛羊。"这首流传千古的民歌,即其写照。蒙语中称这个地区为鄂尔多斯,意为"有好草的地方",或解释为"有着众多宫殿的地方",总之,都表明此处人畜的兴旺。地质学家则用它来称呼包括南部黄土高原在内的这个稳定地区的全部。中国大地构造分区最早的划分者黄汲清在首次命名时以华北地台还有一定的活动性而将它称为"准地台",但对鄂尔多斯则仍以地台相称(1980 年后考虑到它曾微微向下弯曲,改称"台拗")。

现在我们可以明白,黄河在出青铜峡后为什么要转折北上,实因受到鄂尔多斯地台的阻挡;而自此至山西省西南角的曲折流向,也正好大体上反映着鄂尔多斯地台部分边缘的轮廓。

不论对华北地台或鄂尔多斯地台如何称谓,华北地台是中国这个大范围内相对稳定的地区,鄂尔多斯又是华北地台这个范围内更为稳定的地区,可谓地台中之地台,都是客观存在的事实。

和稳定地相对的是活动性强的地带，华北地台周边都比它的活动性强。华北地台隆起后曾长期为海水所淹没，并曾强烈下沉，接受了巨厚的沉积物，再经过多次产生褶皱及断裂错动，才隆起形成阴山、秦岭、大别山及祁连山等绵亘的山脉。正是这些表现出活动性的褶皱带的存在，突出了华北地台的稳定性，也控制了黄河水系发育的范围，使黄河流域的主体都分布在华北地台上。

活动地带在褶皱隆起后可以转化为趋向稳定，直至成为相当稳定的地块。地台坚固的基底就是经过剧烈的褶皱断裂活动后形成的，不过这需要时间，一般说来，褶皱隆起的时间愈晚愈不稳定。紧接华北地台西南边的青藏高原就是这样的地区，它为许多巨大的褶皱带所组成，在地形上表现为一条条绵延很长、海拔也很高的山脉，它们的走向大多近于东西方向，部分东端转向南北。在活动的褶皱带中，也夹有一些较早稳定下来的比较刚硬的地块，因而在万山丛中，仍能有一些比较平坦开阔的地区，其海拔还很高，常有四五千米。

青藏高原既高且大，所以成为黄河、长江、恒河、湄公河、萨尔温江等众多大河的发源地。它之所以如此高大，则因为年轻。

一般说来，陆地表面的海拔愈高，受到的剥蚀愈强烈，一年可以失去以毫米乃至以厘米计的高度。泰山如不继续升高，几万年、几十万年总有夷为平地的时候。

青藏高原上的山脉，以喜马拉雅山脉最为年轻，它也是地球上最年轻的山脉。这里原本是一条紧靠大陆的狭长的槽形海沟，在堆满了3万多米厚的沉积物后，约于3 000万年前隆起成山，以后又持续强烈上升，所以能保有世界最高峰的地位。

从喜马拉雅山往北，一道道山脉，也都是从槽形的海底转变而来，但形成的时间都比喜马拉雅山早，而且是愈往北愈早。它们从北到南，褶皱隆起先后有序的规律，说明当时大陆的面积在向南扩展，而海槽总是紧靠着大陆边缘分布。喜马拉雅山地区是亚洲大陆与印巴次大陆间最晚升起成

237

为陆地的海域。

　　位于青藏高原最北边的祁连山，在古生代末即已出现褶皱隆起；黄河发源处的巴颜喀喇山，在燕山运动中也已成型，比起来不算年轻，但是它们及整个青藏高原，都在喜马拉雅山升起的过程中受到强烈影响，加强了上升的作用。于是这就有了中国大陆上最高的这个阶梯的出现，也就有了今天的黄河水系的形成。

黄河的诞生

　　黄河的支流很多，各有自己的历史，这里不去说它。黄河干流的形成，过程也很复杂，不少人作过探索，见仁见智，各有千秋，新的探索还在进行。但是，有一点可以肯定，即黄河一开始并不连贯，而是分段出现，各有自己的流向和归宿；由于地壳中发生的断裂升沉，还有地表上的流水冲刷、侵蚀等作用，后来才上下贯通成为一条大河。若要问黄河何时形成，应指这全河联结贯通的时间。精确的时间不易确定，但在几十万年前，当北京猿人在周口店活动时，从青海高原一泻数千里，奔流到海不复还的黄河，应也已出现，不过此时的黄河下游是绕山东丘陵之南入海，以后这黄河三角洲的位置还有过多次变迁，但中上游的河道则已基本上定型。

　　经过中生代的燕山运动和新生代的喜马拉雅运动，到了第四纪初期，青藏高原已经升起，中国大陆上今日所见到的山脉均已形成，而隆起区还在继续上升，沉降区还在继续下沉；地面上的流水，在这块地势起伏已定并还在升沉的大地上，从高处向低处流动，像自然界的愚公进一步将地表的面貌雕塑，黄河也开始初露端倪。

　　在黄河上游，它从发源地流出处，由于积石山即阿尼玛卿山和巴颜喀喇山对峙南北，也由于今日若尔盖草原是一个相对比较稳定、此时处于下沉状态的地区，流水在此潴积，自河流而来的滔滔河水，遂亦以此古若尔盖湖为归宿。

当时的青海高原上,今天的共和县一带也是一个蓄水的盆地。来自西倾山和阿尼玛卿山间的一条河流注入其中,它日后也成为黄河上游的一段。此时共和盆地与东边的河流还不相通,那一段黄河流入贺兰山旁因断层陷落而形成的古银川湖即今之宁夏平原。

在鄂尔多斯东缘,一条河流经由一串较小的湖海流入古汾渭湖。古汾渭湖此时也是封闭在内陆的,东边的中条山还阻挡着它与大海相通;山脉东侧的流水经由不止一股河道,在山东丘陵南北入海。

这样我们已可看出今天黄河的雏形,只是此时尚被中国的山岭阻隔为四段,每段都有自己的源头。

流水的冲刷在源头地区作用很强,原来浅浅的河底逐渐变深,源头的位置也向河流流向相反的方向移动,日积月累,这种溯源侵蚀作用终于将分水岭打开,两边的河流贯通汇合,海拔高处的河流改变原来的流向,汇入海拔较低的河道中。那些峻峭的峡谷就是河流用自己的力量去开辟通道的证据。在这个过程中,黄河流经的各个地段还在进行的升降运动,自然也少不了它的影响。在持续上升的情况下,河流也就持续下切,形成的峡谷也就很深,同时只有河流下切的速度超过了此地上升的速度才能把分水岭打通;而在那种还在沉降的地区,河流尽管并不处于下游,但有可能在此形成局部的平原并出现改道的情况。

黄河的形成固有待于地面流水的工作,而地面的升沉起伏更起着决定性的作用。水要流动,也得地势有高低。

地面的升沉起伏是位于地球表层的岩石圈的运动引起的。岩石圈在怎样运动,又怎样影响着地球表面形象的塑造?一个多世纪以来,不少学者作过探索,现在比较倾向于用板块构造说来解释。当印度板块向欧亚板块下俯冲时,就比太平洋板块俯冲时多了一重障碍,上面的印度大陆与亚洲大陆互不相干,如此庞然大物的相互碰撞,其效果之强烈,可想而知。青藏高原因此而隆起,此处的地壳也因而加厚,比中国东部的地壳厚了约一

239

倍,最厚处超过 70 千米。青藏高原上的山脉多近于东西方向,也反映出南北两个大陆相互挤压的作用,东侧横断山脉的形成,也是印度大陆楔入的结果。

这一重大地质事件是经过长期演变才发生的。原先印度大陆本不与亚洲大陆相连,而是紧靠着南极大陆和非洲,由于板块的运动,它在中生代时脱离出来向北漂移;进入新生代时才接近亚洲大陆,中间还隔有一道喜马拉雅海槽;到第三纪末期喜马拉雅运动时,两个大陆碰合在一起了,一般认为雅鲁藏布江河谷就是它们的结合之处。这话其实该这样说,正是它们的碰撞使喜马拉雅山升起,成为影响中国全境的喜马拉雅运动,至今余波未息,因为这印度板块还在向欧亚板块挤过来,有的观测结果得到每年北移 5 厘米的数据。

东边的太平洋板块,由于上无大陆,在向欧亚板块下俯冲后,虽也造成了一条条地震和火山活动强烈的地带,但在中国大陆上的表现就比青藏高原缓和得多,不过影响仍是很大的。我国东部的隆起带与沉降带交替出现,而且延伸的方向多为北东方向或近于北东,就是受到太平洋板块推挤的反映;许多断裂的产生,也是由于这种作用。

万物变化兮,固无休息!板块还将运动下去,中国及亚洲大陆上的地质变化,正在继续发生,黄河也不会永远是今天的面貌。重要的是我们对这些情况有了认识以后,能够顺应自然界的客观规律,因势利导,发挥有利因素的作用,使不利的因素转向有益于人的方面,使黄河流域成为更加适于人类生存,人类能够在此大展宏图的优良环境。

地球在怎样变[*]

地质学是研究地球的科学。地球上需要研究的问题很多,但其中心问题是地球在如何发展变化。因此,地球在怎样变? 一直是地质学中主要的争论问题。

"变"与"不变"

在长时期内,地球不变的观念统治着许多人的思想。这一方面是由于反动统治阶级宣扬形而上学的宇宙观,如我国历史上"天不变,道亦不变"的思想,影响了人们观察事物的能力;另一方面也可能是由于地球的变化就人类的时间观念来看,太缓慢了,不易察觉。

但是,地球的变化并非总是不能被人察觉的,比较明显的如地震、火山等活动都显示出地球本身在变化。人类在生产活动中也不断扩大了对地球的认识,如接触到河水泛滥、泥沙淤积等现象。因此,在地球不变的思想存在的同时,很早也就产生了地球在变的思想。

远在公元前 780 年,周太史伯阳父便以天地之气错乱了次序、阴阳不协调来解释地震的起因。在晋葛洪《神仙传》中,则已出现了沧海变桑田、

---

* 原载 1961 年 8 月 6 日《人民日报》。

桑田变沧海的思想。古希腊学者中,也有不少人提出了地球在变的看法。

这些看法虽然都带有神秘的色彩,但我们应当注意到"科学思维的萌芽同宗教、神话之类的幻想的一种联系"(列宁:《哲学笔记》)。事实上在这些和神话相似的看法背后,常有值得注意的自然现象。我国人民的重要生产场所华北平原和长江下游平原都是泥沙淤积起来的,而堆积的速度极为迅速。例如在 1947—1949 年间黄河入海口平均每年要向海中推进 3 000米。可以想象,在漫长的岁月中有多少海边、湖边的沙洲被开辟成良田。因此,沧海桑田的思想在我国广泛流传,不是偶然的。

但是,科学思想的成长是不容易的。地层中发现化石的事实被公认无可怀疑以后,在欧洲,教会竟将它用来作为圣经中"世界洪水"的证据,有的科学家如英国格兰襄大学教授伍德沃德在 1695 年发表的《地球自然历史论》中,提出地球曾经被"世界洪水"所破碎、溶解,然后沉积下来成为今天的面貌。

只是在更多的事实资料被人们掌握以后,这才发现地层可以分为许多层,它们形成的时代有先有后,要是在水中堆积,也不只一次。同时人们还发现许多地层弯弯曲曲像受了强大力量的挤压,有些岩石是熔融物质凝结而成的,这表明地球上不仅有海陆变化,还有其他许多复杂的变化。1763年俄国罗蒙诺索夫提出了由于"地下火"的作用使大山隆起,此外还有一种"长期缓慢"的运动,造成了海陆变化。

地球在变的思想逐渐确立了,18 世纪最后的 25 年中出现了更多的解释地球发展变化的学说。地质学常被认为在这时才成为科学。但是这时人类对地球如何变化的认识,与客观规律之间颇有一段距离,这些学说常常仅认识到地球变化的某一侧面。如"水成论"者认为地球上的岩石都是在原始海洋中沉积而成的。这显然不符合事实,因此就有"火成论"者起来反对它。"火成论"者重视了地球内热的作用,认为这些热引起了地壳运动,造成了许多由熔融物质凝结而成的岩石。争论很激烈,延续得相当久。毕竟"火成论"更接近于客观规律,最后取得了胜利。

"灾变"与"均变"

地球经过多次变动得到了愈来愈多的证明,重要的证据是古代生物的化石。人们仔细研究这些化石的结果,发现不同地层中所含化石的种类常是不相同的,有时差异还很大。法国著名的动物学家、古生物学家居维叶(1769—1832)在和布朗尼亚的合作中,详细地研究了许多化石,发现地层愈深,所含化石愈与现代的生物不同。我们知道,愈是古老的地层,一般总是埋藏愈深,上述事实正好是生物在不断进化的证据。但是居维叶没有这样去认识,他认为这是由于地球上曾经发生过多次突然的灾变,使当时的生物灭绝,以后又重新产生新的生物,现代的物种与远古的生物无关,而是五六千年前最近一次灾变后的产物。至于为什么会发生灾变呢? 则只好祈求上帝。因此,尽管居维叶在古生物学上作出了重大贡献,但是他这种"灾变论"是不能接受的。

与灾变论出现的同时,进化论的思想也已产生。另一法国学者拉马克(1744—1829)便指出物种是可以变异的,而且是渐进的发展;外界条件的影响是变异的原因。什么是外界条件呢? 就是地球上的自然环境,因此生物的演化反映着地球的变化。

随着人类生产规模的扩大,世界贸易的发展,交通的发达,自然科学在各方面获得了大量新的材料,进化论的思想也日益完备并有了充分的事实根据。这反映在地质学中就是莱伊尔(1797—1875)提出了"现在是认识过去的钥匙"这一著名原理。在早些时候,罗蒙诺索夫也曾产生过类似的思想。莱伊尔在1830—1833年间出版的三大卷《地质学原理》中,以丰富的事实材料和系统的分析说明,看来"微弱"的自然力已足够使地球的面貌发生巨大的改变。地球上的变化是渐进的,是可以认识的。今天泥沙在海滨沉积的现象,正说明着远古的沉积岩如何形成。要解释地球的发展历史,不需要求助于超自然力的上帝。

莱伊尔是地质学中的进化论者，他在地质学的发展历史上有不可磨灭的功绩。但是，莱伊尔的学说也有它的缺陷。他认为古今的地质变化都是一致的，在地球上起作用的各种力是不变的，这被称为"均变论"。均变论在以后的地质学中影响极为广泛，许多地质学家把地球上的变化当作循环出现的自然现象来研究。这种研究有时在一定的范围内也能得到接近正确的结果，但随着人类掌握地球的材料愈来愈多、愈来愈全面，这就不断出现了均变论所不能解决的问题。例如在讨论大气的地质作用时，不能不考虑到大气成分的影响。大气的成分是古今如一吗？现在的认识是大不相同的。地球上曾经有过二氧化碳很多的时期。而这种多少变化到一定程度便有质的不同，因为二氧化碳太多了生命就不能存在，但适量的二氧化碳则是生命所必需的。地球历史上曾有过漫长的没有生命的时期，但在今天，生命作为一种自然力正变得愈来愈显著。又如地球内部能量的变化，古今也不相同。据研究，远古的火山活动规模比今天要大得多，不是从一点喷发而是将地壳都熔透了。以上种种都揭示出地球上古今的变化并不完全一致。地球上的变化也常显示出不仅是渐变而是有飞跃的时期，例如在较短时期内大规模的陆海变迁、生物的某些种属灭绝等现象，在地球的历史记录中确乎存在。

但是，莱伊尔学说的错误部分在后来有些地质学家的研究中并未被抛弃，反而有所发展，同时他的学说的正确部分也并不总是得到合理的对待。地球在怎样变化的问题在今天还是一个有待探讨的问题。

究竟在怎样变

在最近若干年中，出现了许多对地球发展规律的新认识。不同的学者从不同角度提出了对地球上各种变化的看法。

实际材料表明,不仅从空间上看地球的各部分可以将其分为相对稳定和活动的两种地区,而且从时间上来看地球也有相对稳定和强烈活动的两种阶段。地球上确曾有些时候在地理面貌、气候、生物等各方面都发生显著的变化,如大片海洋变成陆地、冰川广布、某些生物灭绝等等,而在另一些时候变化则不如此显著。因此,强调"灾变"或"均变"都各有其根据,同时各有其片面性。

20世纪初期,出现了既承认地球有过海陆长期缓慢变化的时期,又承认还有突然爆发的造山运动的学派。他们做了许多工作,提供了许多有价值的材料,但是他们的结论都是这两种时期之间没有任何联系,实际上还是用不可知的因素把地球的历史割裂成不连续的片断。因此,有的人把这种学派看成灾变论的继续。而这个学派还认为当造山运动发生时,地球上各处的活动地带都同时变动,造山时期与海陆升降时期交替重复出现,则又带有均变论的色彩。

尽管以上观点有错误之处,但是地球上的变化既有渐进也有突变这一点,从事实上得到肯定,人类对地球在怎样变的认识终究提高了一步。问题在于我们还不十分清楚变动的根本原因,因而也不能阐明各次变动间的联系,只看出一些变动的现象,还没有找到地球发展的根本规律。但是,人们一直在力求用最新得到的科学知识来给予尽可能合理的解释。

从地球是由熔融物质凝结而成的观点出发,有些人认为地球的岩石外壳仅仅是薄薄的一层,壳下的物质则较沉重但可流动。由于地球自转和潮汐的摩擦力等影响或是其他原因,壳下物质发生运动,同时带动了地壳。20世纪初期曾经盛行一时的魏根纳大陆漂移说就是这类假说中著名的一种。

但是,另一些人则认为大陆的基底从来没有移动过位置。他们把地球分为活动地带与相对稳定的地带,造山运动总是在那些活动地带进行的,而地球上总的趋势是活动地带向比较稳定地带发展。但近年来许多事实、资料表明,在被认为一向比较稳定的地区,也有重新趋于活动的迹象,因而产生了与此相适应的新理论。

大陆漂移或与之类似的假说,在开始出现时比较注意来自地球以外的力量如其他天体的引力的影响。后一类说法则比较注意地球内部物质的运动,他们认为地壳运动是地球内部温度、压力等各种因素不平衡的结果,提出了种种假设。最近则有很多人都用原子能来解释运动的起因。因为地球内部含有许多放射性元素,放出了大量的能,已成为公认的事实。

这两类说法虽然出入很大,但在有些问题上并非没有接近的可能。在注意其他天体引力影响方面,人们已经考虑到这与地球内部物质状态的关系有关,如地球内部密度的变化就直接影响着自转的速度,而在研究地球内部物质运动的时候,也有人在开始考虑外力的影响。

看来要想认识地球的发展规律,需要对地球这个对象作深入全面的研究,同时要将它和周围的世界联系起来认识。在讨论地球怎样变化的时候,不仅应研究大陆上的资料,而且应当十分注意海洋底下的情况,因为海洋占去了地球表面的71%,可是我们对海洋的了解还很少。

其他天体对地球的影响也是不可忽视的。地球上气候的变化显然与太阳有关,现在得知,地球形状的变化,也受到其他天体引力的影响。

因此,要想对地球的发展规律得出比较全面的正确的认识,还需要我们做艰巨的工作,从各方面获取资料,提出意见。每一件从实际出发的事实、材料或论点都是有助于我们得到正确认识的,但是很显然不能把一得之见当做全部真理。

就目前人类的生产水平、科学技术水平来看,要全面彻底地认识地球的发展规律,还需要一个过程。但是,由于有了辩证唯物主义的思想指导,有了像宇宙火箭这样的技术以及物理学、化学、天文学、海洋学等方面的发展,只要我们加强对地球的调查研究,终将认清地球发展变化的规律。

注:本文于1961年8月6日《人民日报》发表,同年《新华月报》第9期转载。经过38年,本文的基本观点看来无需变更。需要补充的是:对海底地质及古地磁场的探测研究,给大陆漂移说提供了新的依据,由此而成的

板块构造说,比较合理地解释了地壳为什么会运动和在怎样运动。

地球在发展的过程中存在着灾变(或突变)现已成为普遍的认识。但地球究竟在怎样变,仍是一个在继续探索的大课题。

地质学要为农业生产服务[*]

　　地质学在发展工业中的作用是人所熟知的，地质工作者常以被称为"工业建设的尖兵"而自豪。但是地质学在发展农业中有什么作用呢？这是一个新的课题。

　　农业生产活动是人们改造自然，特别是改造地球的一个重要方面。要改造地球，当然得和大地打交道，当然要碰到地球发展变化的规律。我们正是自觉或不自觉地利用了这些规律才改造了自然，否则就会造成错误；而地质学正是研究这些规律的。因此，地质学在农业生产中应该大有用武之地。从目前的情况来看，地质学为农业生产服务主要有以下几个方面。

为兴修水利和灌溉服务

　　水是庄稼的命根子，但是我国许多地方经常水旱失调。据记载，从公元前 1766—1937 年，水旱灾共达 2132 次。如马克思所说："气候和土壤条件……使利用运河和水利工程进行灌溉成了东方农业的基础。"（《不列颠在印度的统治》、《马克思恩格斯文选》两卷集 324 页）这在我国也是如此，兴修水利成为农业的重要任务。

---

　　* 原载 1960 年 6 月 19 日《人民日报》。

兴修水利就得有水。地下水的储量比地面水要丰富得多,而且经年不断,比较可靠。考古学家查明,我国石器时代的村落多迫近江河,到4 000多年前才散布平原形成都邑。人们发现了利用地下水的方法,是促成这种变化的重要原因。直到现在,地下水仍然是重要的水源。而要开发地下水,就得了解地下的情况,了解地下水分布、活动规律,这正是地质学的任务。

有了水,还得蓄水备用。我国有些地方山多地陡,如不蓄水,水来易涝,水去易旱,因此需要大量兴修水库。水蓄起来是蓄在地上的,什么地方蓄起来最合适,这就要考虑到地质情况。比如组成水库底部的岩石漏不漏水?大坝的地基结实不结实?只有探明了这些因素的底细,方能确定水库修在什么地方更好。

有了水,还得使它分配合理,这就要修许多引水工程。在引水工程中,总是要破土动工,凿石开山,这就需要了解地质情况,选择施工较易的路线,预防渠道漏水、塌方等事故。

水到田头后,如何用水,仍然有地质问题。水浇少了庄稼生长不好,浇多了会使地下水位升高。土壤由于孔隙的毛细管作用,像灯草吸油一样,会将地下水源源不绝地吸到地面。如果地面气候干燥,蒸发很厉害,水分不断跑了,水在地下溶解的盐分都留了下来,便会使土壤盐碱化。有些地方在开荒过程中,就曾发生过这样的事情。因此用水也要研究地质,研究地下水的情况。

此外,如何改造钻井技术,使钻井的速度更快,成本更低,也是地质部门应该注意的问题。

249

为农业所需矿产资源服务

有许多矿产是直接与农业有关的,其中最突出的是制造肥料的矿产,如磷矿、钾盐、泥炭、硝石等,都是重要的肥源;硫黄、黄铁矿等能制造硫酸,而硫酸也是化学肥料的原料。

改良土壤时要用石灰岩烧制的石灰以及黏土和砂等等，这些都是矿产资源。

制造农药要用胆矾、萤石等矿物原料。

可以直接用于农业生产的矿很多。许多矿物在农业生产中的作用还有待我们去发现。在公社办工业以后，许多小型的矿藏也成为迫切需要的了；农村建筑也需要作为建筑材料的矿藏。至于可以就地利用的煤和天然气等动力资源，更是农业所急需的。

为农业找寻上述种种矿产，是地质学无可推卸的任务。

为改善农业生产的自然条件服务

农业生产的对象是活的生物，受各种自然条件的影响极大，所以长期以来人们不得不在很大程度上"靠天吃饭"。风沙的袭击、洪水的冲刷、河流的泛滥等，在地质学中，这些引起大地发生变化的作用统称为地质作用。很显然，各种地质作用直接影响着农业生产。

例如由风、流水等地质作用造成的水土流失是对我国农业生产的严重威胁。每年因土壤流失而损失的肥分，比全国所施化学肥料还要多。有的地方沟壑占到土地总面积的1/3。主要由风的地质作用造成的沙漠，在我国面积和全部耕地面积相近，而且新中国成立前还在不断扩展，许多地方受到流沙的威胁，耕地、田园被它破坏。新中国成立后经过积极治理，情况已有很大改变，但同沙漠作斗争还是这些地区面临的重要任务。

河流湖泊的地质作用对农业的影响也是很明显的。黄河、淮河在新中国成立前都是著名的"害河"。我们还有不少沼泽地需要疏干，不少盐碱地需要改良。改造自然的任务在其他方面还有许多，在这些工作中需要运用地质规律。在这里，地质学成了一种重要的武器。

过去有一种思想,认为农业生产所要求解决的地质问题总是很普通很平常的,农业所需的矿产规模一般不大,用不着高深的地质科学技术。这种思想当然是错误的。首先,地质学为农业服务是极其光荣的任务。同时农业生产中的地质问题也并不是容易解决的。固然以往几千年中没有地质工作者下乡,农民照常进行了生产,但这并不表明地质学在农业中不重要。恰恰相反,正是由于农民群众在许多地方运用了地质规律,所以才取得了成绩。今天如能一方面将群众的实际经验总结提高,一方面用先进的科学技术武装群众,就能更好地促进农业生产的发展。

拿打井来说,要使井的位置合适,打得恰到好处,就有许多问题需要解决。井打少了,井的口径过小了,出水量会少,但井打得过多过大,出水量也会减少。有的岩层根本就不可能有水。农业所需矿产的探寻也并不简单。过去觉得简单,是因为研究得少,没有钻进去。盐湖里有盐,看起来这比找寻地下的金属矿简单,但要认识盐的分布规律,并不容易。许多小型矿藏也都各有特点,有许多规律要我们去认识。

在农业中需要解决的地质问题,很多是如何利用地质规律来改造自然,这正是过去的地质学中特别薄弱的一环。过去的地质学,叙述地质作用多,阐明人类如何能动地改造世界少。比如在地质学中讲风化作用,仅仅讲些成因原理,究竟我们能利用风化作用做点什么呢?没有。新中国成立后我国农民却在这方面做了许多工作。许多地方石山造林成功,正是利用了这一规律。冬灌能使土质疏松,也正是利用了风化作用中水结成冰时体积膨胀能产生破坏力这一规律的作用。

251

又如在地质学的书中讲到流水的冲刷作用,仅仅讲到它的害处,但陕北人民利用了这一原理,引水攻沙,利用流水的冲刷力来开辟运河,以自然力改造自然。

在地质学的书中还讲到地震造成的山崩,可以堵塞河流形成湖泊。究竟我们从中能得到些什么呢?却没有讲。现在人们结合兴修水利考虑到,既然沙石天然崩塌堆积的堤坝可以经久不溃,造成湖泊,那么我们兴修水库是否可以采用类似的方法呢？这是一个重大的科学课题，在目前还只是一种设想，如果得到解决将对水利事业起着重大的作用。

人类最初的地质知识的积累，便是主要从农业活动中得到，并服务于农业的。如在耕种、利用地下水、开凿运河中建立了对土壤、岩石、风化作用等许多方面的认识，《禹贡》就是在农业生产得以发展的基础上写出来的。古生物化石的发现，也都是在开凿运河中得到的。即使是找矿，最初也主要是为了制造农具。因此农业生产是地质科学发展的基础之一，在今天的条件下将更有力地推动地质学的发展。地质规律的运用，往往要求较长的时间、巨大的规模。只有在社会主义制度下，将人民组织起来结成整体与自然协调的时候，地质学才有可能得到广泛运用。我们必须加强主观努力，使群众得到地质科学的武装，不断总结和提高在农业生产中运用地质学的经验，使地质学与我国人口中最大多数的农民群众结合起来，在农业的广阔天地中大显身手，并使地质学的水平大大提高。

关于中国贫油论[*]

孙荣圭撰文谈到批判"贫油论"违背历史事实的问题。我是个地质工作者，又有点"历史癖"，深感要弄清这宗历史旧案的真相，确实不那么容易。因而愿将所知的一些情况和个人的看法提供大家参考。

确实有过"中国贫油"的观点

自 20 世纪 20—40 年代，"中国贫油"的看法确实在我国颇有影响。直到新中国成立前夕，我国一位知名的地质学家在他的《世界工业矿产概论》中，还认为我国自产石油"实不足供万一之用"，"在世界石油矿业中甚难占得一席也"。他提出将来可向印尼、缅甸、中东、苏联以及远向美国进口石油的主张。

当时，认为我国石油储量不丰的中国地质学家不止一位，包括那些提出了陆相地层可以生成石油的学者，也不抱乐观的态度。

253

---

* 原载 1986 年 9 月 25 日《人民日报》。

"中国贫油"的观点是怎样产生的

我国的石油,本被认为大有希望。1910 年在天津出版的《地学杂志》第八号,便曾乐观地报道:"吾国石油,蕴藏綦富,征之于古,自晋唐以来,已有载之篇籍者……延长一县,周二百里内外,皆有油质外溢,加之产富质良为各处冠,西人谓其面积之广约北美油田十分之四,当不诬也。"当时特别寄希望于这个延长油矿。1903 年国人即筹办开发,后又组成延长石油公司经营;1914 年,美孚石油公司要求合作,投资钻井,并派人作地质勘查。结果虽然井井见油,但都不丰富,遂于 1917 年收摊。当时主管地质矿业的农商总长田文烈惋惜地承认:"石油则陕西一省最称丰旺,自年前一经美孚公司之勘测,已证为绝无巨大之价值","瞻念前途,逸焉多虑"。国外有的报纸也评论:"盖自此以后,各国均不认为中国为石油产地,而视中国为石油市场。"

其实,在当时还谈不上有什么"中国贫油"的理论。从地质理论上论证"中国贫油"是后来的事,是那些在中国作过地质调查的外国人,主要是美国人,在陕北探油失败后,按照他们的认识,写了一些谈论中国石油的文章。这些文章大多对在中国找到丰富油藏的可能性表示了怀疑或悲观的态度,一时颇引人关注。因而说他们给我国"扣上了贫油的帽子",实是事出有因;当然,要认为他们是有意为之,也确实荒谬。

认为"中国贫油",在当时是合理的吗

如果历史地看问题,按照 20 世纪 20 年代的地质理论水平来要求,当时提出"中国贫油"的论点,是否可以认为言之有据,是合理的呢?

答案只能是否定的。

为什么应予否定？因为当时我国广大地区都尚未进行地质勘查，即使是在陕北，也仅仅打了几口深度不到千米的探井，而地质科学理论的运用，离开了实际就失去了意义。偌大的中国，仅仅凭借这样一点点调查所得的材料，就足以作出贫油的结论吗？

谈到这里，不能不想到李四光。他在1928年发表的《燃料问题》一文中指出："中国的油田，到现在还没有好好地研究。""美孚的失败，并不能证明中国没有油田可办。"他认为许多地方仍有找到石油的希望。还不能不想到翁文灏，他并不为"中国贫油"这种论点的出现而放弃在中国找到石油的希望，却是继续组织找油工作。他的学生谢家荣回忆道："翁先生力排众议，继续勘探，先在陕北获得若干成果，继而在甘肃玉门奠定了西北石油的基础。"

在缺少实际材料的情况下，就匆匆忙忙作出"中国贫油"的结论，不符合科学的起码要求，即使是在20世纪20年代，也不能认为这种观点是合理的。这一点，一位在陕北等地工作过的美国人（汉名马栋臣）也感觉到了。1922年，他在讨论那篇全面论证"中国贫油"最有代表性的文章时，在书面发言中要人们注意，美国对自己的石油已调查研究很久了，而中国仅作过很少的调查研究，因而没有人能在此时说中国能不能产出具有商业价值的石油。

人们的认识在变化

255

在地质学中，实践经验的积累，对理论的发展有特别重要的作用。随着地质工作的展开，实际资料愈积愈多，对中国石油的认识也不断提高，一些原来相信"中国贫油"的人，逐渐改变了看法，树立了在我国找到丰富石油的信心。这种变化，在新中国成立前即已发生。新中国成立后由于地质工作的规模迅速扩大，得到的新材料非常丰富，这个变化就更为显著。到

20世纪50年代初期，实际上已没有什么人还在坚持"中国贫油"的论点了。所以1955年开展的石油大普查和后来对松辽平原的勘探，都得到地质界广泛的支持，并不存在什么还在认为"中国贫油"的对立面。但确如孙荣圭副教授所说，是有一阵子在大批"贫油论"。不过我认为这根本不是地质学术界本身的问题，甚至也说不上是用政治需要控制的学术争论，而是摆在政治范畴中，特别是在"文化大革命"中进行批判的。这种批斗大多是通过大批斗等形式，是在社会上而不是在学术领域中展开的，一点学术气息也没有，什么人都来指手画脚，但极少地质学家参加这种批斗。据我看，大批"无矿论"也是这种状况。

应该记取的教训

怎样才能避免大批"贫油论"这样的事情发生，真正展开学术上的百家争鸣呢？归根到底，恐怕还在于要讲民主，讲科学。

比如说美国人故意制造出"中国贫油论"，中国的地质学家并未这样提出过，可是怎么流传起来的呢？1953年2月，一位苏联专家在一个全国性的地质人员会议上，讲到革命前的俄国，资本家为了得到高额利润，制造并传播一种论证俄国贫油的"科学理论"，并说："中国在石油发展上，有很多地方与俄国相似。""向中国输入石油产品最利于外国资本家获得超额利润。"很可能就是源于此。这些话在当时是不容辩驳的，于是流传下来，而到后来竟又演变成为"长期以来，帝国主义和社会帝国主义的御用学者，怀着不可告人的目的，散布'中国贫油'、'陆相贫油'等谬论"。这大概是这位专家始料所不及的吧！

由此可见，不讲民主，缺少实事求是的科学态度，会干出多么荒谬的事。不仅是领导，还有我们自己以及全社会，都应该来解决这个问题，这才有可能真正展开学术上的百家争鸣。

不要刮风。过去许多事是刮风刮坏的,搞"一言堂"、"大批判"刮风不对;今天提倡百家争鸣也不能靠刮风哄起来。需要就实实在在的问题进行实实在在的讨论,拿出"干货",不要空对空,不要光在态度上做文章。

　　不要不懂装懂。像过去有些文章批"贫油论",竟有"中国的地层在几亿年前大多是陆地,他们认为不可能有油","当时资本主义国家所发现的油田,大部分都在海边或海底,这便使海相生油的理论有了重要的依据"。这类外行话,实在令人哭笑不得。学术问题也并不排斥外行来发表意见,但至少应对所谈的问题有个基本的了解吧。我赞成孙荣圭副教授提出的,艺术家的文学创作,不能做学术争论的裁判。

浪费与节约[*]

我们在参加华盛顿的一次晚餐会时,能源专家贝耶先生向我们表示了他对美国能源的浪费感到不安,同时赞扬我国把废物变成沼气。另外,美国的一个致力于保护野生动物、保护环境的团体奥德邦协会副会长格仑·保尔森先生在接待我们时也说:"浪费现象严重的美国应当向你们中国学习。"

美国人在自己说自己浪费。

如果用我们中国的眼光来看,他们的浪费就更是惊人了,甚至有的简直不可思议。比如,在"住"的方面,我们讲究采光通风,尽量利用天然的阳光、空气,然而美国的办公楼、旅馆,尽管窗户很大而且是整块玻璃构成的,但总是拉上窗帘,关得严严实实的,因此白天也得大开电灯;外面天气不热,屋子里也还是开着空调器。有一份材料提到,美国消耗的能源,约有 1/4 就是这样用掉的。

再拿"行"来说,尽管闹"石油危机",人们也还是出必用汽车。美国科技中心协会在巡回展出的图片中宣传骑自行车,然而骑车上班的人并不多。今年(1980 年)6 月 6 日,卡特总统提出的旨在限制使用汽油的征收汽油所得税法案,被国会否决了。看来美国人还是愿多用汽车。去年美国各种汽车就生产了 1 150 万辆,占世界总产量的 1/4 还多。

可是,进一步观察还可以发现,美国人不止是在那里浪费,也是在那里

---

[*]　原载 1980 年《新观察》。

节约。他们的浪费固然惊人，但节约的数字也是很大的。

美国人主要是通过抓科学技术来求得节约的。去年(1979年)美国能源部拨出 2.3 亿美元用于研究工业交通部门中的节约能源技术。除了政府，汽车公司也在竞相研究如何省油。据说今年出厂的汽车要求做到每升汽油能跑 6.3 千米。在美国，汽车确实是屁股不怎么冒烟，没有什么气味，汽油显然是利用得比较充分。

不久前，美国曾以"你以为什么样的部门最有助于解决国家所面临的严重问题"为题，进行四次民意测验，每次测验的结果，占首位的答案总是"科学技术"。

美国人对从科学技术中得到大量好处是有切身体会的。现在美国有 1.6 亿台电话机，据说如果没有电子计算机，就需要美国全部 18～45 岁的妇女来当电话接线员。

中国人节约的美德是应该珍惜的，但我们切不可以此而自满。特别是对节约和浪费的概念，今天还应赋予新的意义。有些所谓节约，若从全社会的经济效果来衡量，并不见得是节约。像尽量开发劣质煤，似乎是在节约资源，但是如果没有相应的洗煤等措施配合，大量劣质煤外运，不仅使用单位增加了煤耗，而且浪费了运输力量。总算起来，未必合算。据报道，现在我国每年便要因此浪费铁路运输力量 100 亿吨 / 千米。又如美国人把用过的纸制桌布、餐巾、杯盘包起来一股脑扔进垃圾箱，也不是全无道理，他那里人工贵，这样办，大概比洗碗、碟、桌布还省一些，而且更卫生。当然我们应该结合我们的实际来考虑，但无论如何不能离开经济效果来谈节约。重要的是我们切不可陶醉于中国人固有的节俭的美德，还应多看看我们怎样因不懂科学而干"取之尽锱铢，弃之如泥沙"的蠢事。

看来节约和浪费，无论在美国还是中国，都是兼而有之，都有可以相互学习和改进的地方。

259

怪坡·磁山·雷音洞*

　　报纸消息：沈阳市北 60 千米的新城子区，有一段山坡，汽车到此，关闭马达也能自动从山下滑行到山顶。当地人在此立了一块碑，大书"怪坡"二字。

　　无独有偶，在加拿大东海岸蒙克顿市北 8 千米处，也有一类似的怪坡，乘汽车经过此地，让人感到是在向高处滑行，这是笔者的亲身经历。

　　何以有此奇怪现象？报上说："坡中古怪，科学家们自然以磁场论解释。"加拿大人初亦如此认为，将它那里的怪坡命名为"磁山"，用一块巨大的马蹄形磁铁模型作为此处的标志；后经查明，不是什么磁场的特殊作用，而是视觉的误差，这"磁山"之名虽未作改动，但在导游书、百科全书中，都能找到作了修正的解释。

　　近两年来，在北美，游过几处名胜。所到之处，介绍当地风光的材料琳琅满目，包括印刷品、录像带、模型和设在景点上的标志说明等等。主要讲自然及历史方面的知识，不少还是从介绍地质开始，因为这是本地最早的历史了。这些介绍中，没有带迷信色彩的东西，神话传说也极为少见，知识实在，内容简明通俗。可能并不是人人都感兴趣，但其形式多样，而且是遍布各处，总有接触的机会，在游览之中得到一些科学知识。

　　加拿大东海岸名为好望角的海滨，矗立着一群上粗下细的巨石，不仅

---

　　*　原载 1994 年 10 月 9 日《科技日报》。

形象奇特，而且是借以观潮的好场所，被辟为新不伦瑞克省立公园。公园入口处有说明书任人取拿。说明书系统讲述了这些巨石形成及演变的历史，简直就是一份生动的地质学教材。

在著名的尼亚加拉大瀑布，那里的导游材料中，有这个瀑布近数十年来坍塌变化的形象记录。你如想对这个瀑布的历史了解得更详细，就近便有一个专门为介绍它而设置的地质博物馆供你参观。

不仅在文字、图像的介绍中注意表达自然的真实，这些名胜地的建设，也是尽量保持和自然的协调，不干那种被龚自珍指斥的将花木扭曲成为"病梅"的违反天然的事。今年（1994年）10月4日，游览美国缅因州的阿卡地亚国家公园时，见到那里的自然条件与我国普陀山极为相似：全为花岗岩构成的海岛，有因花岗岩风化而形成的质量极佳的沙滩。但两处人文景观却大不相同，普陀山香烟缭绕，法器长鸣，是观世音菩萨的天下。阿卡地亚公园则仍留给大自然，人游其中，得到的是回归自然的感觉。

在普陀山，有个雷音洞，是海浪冲蚀而成的洞穴；在阿卡地亚公园，有个Thunder Hole，不仅译成中文恰好也应叫做雷音洞，而且同样是个海浪冲蚀而成的洞穴。这种位于海边的洞穴，当海浪冲入时，激荡发声，东西方均以雷音名之，可谓所感相同。然而在普陀山雷音洞，我们听到的是神佛的故事；在巴哈岛，却只有这里是什么岩石构成的，洞穴又是怎样形成的等科学的解释。

由此又想到那"怪坡"与"磁山"。前者以"怪"为名，并附会上一段鬼怪故事："这里埋葬着一对痴情男女，因两情至深，死后不愿旁人打扰，故设计了这样的鬼怪机巧。"而"当地及附近的居民，每有婚礼必在此举行，以志男女相爱不渝"。如传播出去，远处的男女也要来了，可能这正是不少旅游地都在和孙悟空、猪八戒乃至阎罗王拉关系的原因。美国和加拿大也在着力发展旅游事业，但并不看重这类鬼怪神话故事，倒是在帮助游客探索了解自然和增长知识方面想了不少办法。如在尼亚加拉大瀑布，不仅是观瀑，还有到上游峡谷中去探险之类的活动，并有好几个博物馆供你参观。"磁山"则用动物园、微型火车、水上公园等设施来吸引更多的游客。

旅游也是一种文化现象,上述情况实反映着中西文化的差异。

早在五四新文化运动中,就已有人提出,西方讲求的是事实之学,对自然界的现象,见怪不怪,还要去寻根究底,从自然界本身求得答案。中国古代则不然,很少有人去对自然进行考察,而是着重从人事中去找自然变化的原因。所以宰相不问路毙而关心牛喘,据说因他的最重要职能是"燮理阴阳",这"阴阳"他如何能使之调和,就只有天知道了。遗憾的是"五四"先驱们呼吁已数十年了,如今不少人似乎对这种"天人感应"还颇为欣赏,甚至拿来作为"我们先前阔"的根据。充满神怪离奇内容的景点更在竞相建立。

怪坡、磁山、两个雷音洞,其间的反差值得我们深思。

我们的旅游活动,也应该注入科学!